中国青年植保科技创新 2019

刘文德　王海峰　主编

• 中国植物保护学会青年工作委员会
• 中国农业科学院博士后管理委员会办公室
• 植物病虫害生物学国家重点实验室

/组织编写

青年植保

传承与创新

中国农业科学技术出版社

图书在版编目（CIP）数据

中国青年植保科技创新 2019 / 刘文德，王海峰主编. —北京：中国农业科学技术出版社，2019.11
ISBN 978-7-5116-4488-6

Ⅰ.①中…　Ⅱ.①刘…②王…　Ⅲ.①植物保护-文集　Ⅳ.①S4-53

中国版本图书馆 CIP 数据核字（2019）第 237443 号

责任编辑　姚　欢
责任校对　贾海霞

出 版 者　中国农业科学技术出版社
北京市中关村南大街 12 号　邮编：100081
电　　话　(010)82106636(编辑室)　(010)82109702(发行部)
(010)82109709(读者服务部)
传　　真　(010) 82106631
网　　址　http://www.castp.cn
经 销 者　各地新华书店
印 刷 者　北京建宏印刷有限公司
开　　本　787mm×1 092mm　1/16
印　　张　10.375
字　　数　250 千字
版　　次　2019 年 10 月第 1 版　2019 年 10 月第 1 次印刷
定　　价　68.00 元

《中国青年植保科技创新 2019》

编 委 会

中国植物保护学会青年工作委员会
中国农业科学院博士后管理委员会办公室 **组织编写**
植物病虫害生物学国家重点实验室

主 编： 刘文德 王海峰

副主编： 周忠实 陈东莉 张 弛 杨金广 黄金光

编 委： 宁 云 刘 杨 王大伟 刘新刚 刘 博
秦耀果 王 杰 王晓强 张 彬 练 森

前　言

中国植物保护学会青年工作委员会成立二十余载以来，着眼于农业发展中的植保科学问题，集聚了一批扎根于生产实践与科研创新的青年植保工作者。由其主办的“全国青年植保科技创新学术研讨会”已历经十三届，是植保青年人才展现科研创新成果、交流学术思想、促进人才培养的重要平台。为更好地展示我国青年植保科技工作者的风采，定于2019年11月12—15日在山东省青岛市举办第十四届全国青年植保科技创新学术研讨会。

本次会议由中国农业科学院植物保护研究所、中国植物保护学会青年工作委员会、植物病虫害生物学国家重点实验室共同主办，中国农业科学院烟草研究所和青岛农业大学联合承办。本次会议期间，将同时召开“全国植物保护博士后论坛”，由全国博士后管理委员会办公室、中国博士后科学基金会和中国农业科学院主办，中国农业科学院博士后联谊会植保所分会承办。

本次会议的主题为“青年植保—传承与创新”。青年植保工作者是植保发展道路上薪火相传、锐意进取的重要力量，担当着植保传承与创新的使命。基于此，本次会议邀请国内植保领域院士、知名专家、优秀青年学者针对植物保护科研、教学和技术推广中的热点、难点问题，深入交流与讨论，并重点关注博士后群体健康成长与职业发展等问题，旨在促进青年植保科技工作者间的学术交流，扎实推进植保科技创新，努力践行植保科技“顶天立地”，为我国农业发展贡献力量。

在“全国植物保护博士后论坛暨第十四届全国青年植保科技创新学术研讨会”召开之际，组委会经过精心组织策划，编制了《中国青年植保科技创新2019》论文集，集中展示了青年科技工作者的最新研究成果，论文集包括“新实践与新进展”和“新思路与新理论”两个版块：96篇“新实践与新进展”文章重点介绍了相关研究团队已发表在有影响力的杂志上的系统性创新研究成果，展示青年植保人的创新科研进展；26 篇“新思路与新理论”文章突出介绍了植物保护学科领域的国际前沿、展望研究动态，阐述学术观点、交流个人见解，展示青年植保科技工作者的活跃思想与卓越思路。

此论文集的编制过程中，得到了广大青年植保科技工作者的大力支持、积极投稿，在此表示感谢。由于时间仓促，编辑工作量大，编委会本着文责自负的原则对作者投文未作修改。错误之处，请读者批评指正！

编　者

2019 年 10 月

目　录

新实践与新进展

新思路与新理论

新实践与新进展

miR-9b 介导蚜虫翅型分化与发育*

miR-9b Mediates Wing Dimorphism and Development in Aphids

尚　峰**，牛金志，丁碧月，王进军***

（西南大学植物保护学院，昆虫学及害虫控制工程重庆市市级重点实验室，重庆　400716）

翅型分化是蚜虫利用表型可塑性的生存策略。然而，作为后转录调控水平的关键因子，miRNAs 在这一过程中扮演的角色仍未可知。在本研究中，通过对高种群密度与低种群密度的蚜虫以及翅发育关键时期的蚜虫进行转录组和小 RNA 测序，笔者发现仅有 1 条 miRNAs（*miR-9b*）在褐色橘蚜翅型分化与翅发育关键期表达量均下调。随后，笔者通过饲喂 miRNA 的类似物/抑制剂、RNA 结合蛋白免疫沉淀和双荧光素酶报告系统证明了 *miR-9b* 与其靶基因（*ABCG4*）的靶向调控关系。干扰 *miR-9b* 表达后，显著提高后代的有翅率而过表达 *miR-9b* 或干扰 *ABCG4* 则使翅发育受阻（表现为翅畸形）。此外，干扰 *miR-9b* 表达后，蚜虫体内海藻糖含量升高，促进胰岛素样肽 3 的分泌，增强胰岛素信号通路活性；反之，过表达或干扰 *ABCG4* 后，蚜虫体内海藻糖含量降低，抑制胰岛素样肽 3 的分泌，减弱胰岛素信号通路活性。说明 *miR-9b* 调控蚜虫翅型分化与发育过程通过调节胰岛素信号通路活性实现。此外，笔者在另一种蚜虫（豌豆蚜）对上述结果进行了验证。综合以上结果，笔者提出了一个蚜虫翅形成的新模型——*miR-9b*-*ABCG4*-胰岛素，即蚜虫感知种群密度的增加，其体内 *miR-9b* 的表达量下调，靶基因 *ABCG4* 的表达量上调，随后激活胰岛素信号通路并最终导致种群后代中有翅型的比率增加以逃离不适宜的环境。本研究结果将加深对昆虫对不良环境诱导的翅型分化的信号转导机制。

关键词：microRNA；ABC 转运蛋白；海藻糖；胰岛素；种群密度

---

*　资助项目：中国博士后基金面上项目（2018M640894）

**　第一作者：尚峰，博士后，研究方向为昆虫分子生态学

***　通信作者：王进军；E-mail：wangjinjun@ swu. edu. cn

Trichoderma afroharzianum LTR-2 对灰霉菌合成草酸关键基因 *OAH* 表达的影响*

Effect of *Trichoderma afroharzianum* LTR-2 on the Expression of *OAH*, the Key Gene for Oxalic Acid Biosynthesis in *Botrytis cinerea*

吴晓青[1**]，任　何[2**]，周方园[1]，吕玉平[3]，张新建[***]，王加宁[1]，杨合同[1]
（1. 齐鲁工业大学（山东省科学院）生态研究所，山东省应用微生物重点实验室，济南　250103；
2. 山东新时代药业有限公司，临沂　273400；
3. 中国科学院上海植物逆境生物学研究中心，上海　201602）

非洲哈茨木霉（*Trichoderma afroharzianum*）LTR-2 是一株高效生防菌，具有拮抗灰霉菌（*Botrytis cinerea*）和防治灰霉病的能力。灰霉菌侵染植物时，会向环境中分泌草酸，引发降低 pH、提高致病酶系活性、毒杀等多重作用，是灰霉菌重要的致病途径（Williamson *et al.*，2010；Joelle *et al.*，2011；Mathias *et al.*，2010）。我们前期研究发现，LTR-2 可耐受和消除<50 mmol/L 浓度的草酸（吴晓青等，2016），并且其消除草酸作用与拮抗灰霉菌之间具有相关性（吴晓青等，2015）。LTR-2 与灰霉菌对峙培养可显著减少环境中草酸含量，但目前尚不清楚的是，除了直接消除草酸作用，LTR-2 对灰霉菌合成草酸是否也具有影响。基于此问题，本研究在转录水平解析 LTR-2 菌体、发酵滤液及挥发物对灰霉菌合成草酸关键基因 *OAH*（oxaloacetate acetylhydrolase）表达的影响。利用灰霉菌株 S31，通过 Genbank 检索和利用 BioEdit 比对，利用 Designer 设计 *OAH* 基因的 RT-qPCR 引物，以 *UBQ* 为内参基因进行 RT-qPCR。将 LTR-2 与灰霉菌在 PDA 平板上对峙培养，两菌接触后在灰霉菌落区，从灰霉菌落与木霉菌落交界处向外约 2 mm、宽度约 5 mm 处取菌体提取 RNA 为对峙处理组，以灰霉自身对峙培养为对峙对照组。将 LTR-2 的发酵滤液 100 mL 涂布于 PDA 平板上，灰霉菌置于平板中央培养 4 d，取菌落边缘宽度 5 mm 的菌体并提取 RNA 为代谢产物处理组，以 PDA 平板培养为代谢产物对照组。将 LTR-2 与灰霉菌分别接种于 PDA 二分板两侧培养 4 d，灰霉菌体 RNA 为挥发物处理组，以未接种 LTR-2 为挥发物对照组。上述处理重复 3 次，$2^{-\Delta\Delta CT}$法分析基因相对表达量。结

* 资助项目：国家自然科学基金项目（31901928，31572044）；中国科学院沈阳分院—山东省科学院青年科学家合作伙伴项目（第三批次）

** 第一作者：吴晓青，博士，从事应用微生物研究；E-mail：xq_ wu2008@ 163. com
任何，硕士，从事应用微生物研发

*** 通信作者：张新建，副研究员；E-mail：zhangxj@ sdas. org

果表明，LTR-2 与灰霉菌对峙培养，使灰霉菌的 *OAH* 基因表达下调 21%。LTR-2 发酵滤液中的代谢产物，使 *OAH* 基因表达下调 16.6%。LTR-2 产生的挥发物质，使 *OAH* 基因表达量下调 15%。通过上述试验可知，灰霉菌的 *OAH* 基因在 LTR-2 的物理接触、代谢产物和挥发物质的影响下，表达量均出现了小幅下调，下调幅度均未超过 50%。灰霉菌中 OAH 催化草酸乙酸的水解裂解反应，抑制其基因表达可显著降低草酸合成量（Han *et al.*，2007）。本研究中灰霉菌的 *OAH* 基因表达量并未因为木霉的影响而显著下降，而前期研究表明 LTR-2 的草酸降解基因 *OXDC* 在草酸和灰霉诱导下，表达量均显著上调（Lyu *et al.*，2017）。综合上述结果，笔者推测木霉消除灰霉菌的致病因子草酸，主要途径是直接降解草酸，对灰霉合成草酸的影响较小。

关键词：*Trichoderma afroharzianum* LTR-2；灰霉菌；*OAH*；RT-qPCR

铵吸收与代谢激活乙烯信号提高水稻对纹枯病的抗性*

Ammonium Acquisition and Assimilation Activate Ethylene Signaling to Promote Rice Resistance to Sheath Blight Disease

陈 欢**，李志民，苑德鹏，玄元虎***
（沈阳农业大学植物保护学院，辽宁省农作物免疫重点实验室，沈阳 110866）

纹枯病是目前水稻生产中发病面积和防治面积最大的一种病害，严重影响产量，严重时减产可达50%。纹枯病病原为立枯丝核菌，该菌在整个生长周期中为害水稻，主要侵染叶、鞘和穗。在感染后期，整个植物都会枯萎并寄宿。纹枯病的防治手段目前以化学防治为主，但化学农药对环境污染大，且病原菌产生的抗药性问题日益严重，给水稻纹枯病的防治带来了巨大困难。抗病育种是一种经济有效且环境友好型的解决办法，但目前对水稻抗纹枯病机制研究较少，缺乏高抗或免疫品种，因而对水稻抗纹枯病的机制研究至关重要。我们前期转录组结果中发现，接纹枯病菌显著上调水稻铵转运蛋白（Ammonium transporter，AMT）家族成员 *AMT*1；1 和 *AMT*1；2 以及谷氨酰胺合成酶 *glutamine synthetase*1；1（*GS*1；1）的表达水平。接纹枯病菌发现，*AMT*1；1 RNAi 和 *AMT*1；2 RNAi 呈现出与野生型对照类似的感病反应。但 *AMT*1；1，*AMT*1；2 和 *AMT*1；3 同时沉默的三突变体相比野生型对照组明显感病，而且显著抑制水稻铵态氮吸收活性。相反，*AMT*1；1 和 *AMT*1；2 过表达水稻植株相比对照显著提高对纹枯病的抗性，以及铵态氮吸收活性。为进一步测试水稻对纹枯病的抗性是否与氮素同化相关，我们鉴定了 *gs*1；1 突变体对纹枯病的抗性。结果显示，*gs*1；1 突变体相比野生型对照感病，但 *GS*1；1 突变在细胞内积累了更多铵。而且 *AMT*1；1 过表与 *gs*1；1 双突变体与 *gs*1；1 类似感纹枯病，证明水稻抗纹枯病与体内铵含量无关，而是与铵代谢直接相关。为验证铵吸收与代谢参与调控水稻抗纹枯病的机制，笔者利用野生型对照和 *AMT*1 三突变体水稻植物进行了 RNA-seq 分析。结果发现，253 个在 *AMT*1 三突变体中差异表达，其中包括大量乙烯合成和信号相关基因。接下来研究结果中发现，铵或谷氨酰胺处理水稻显著诱导乙烯合成和信号相关基因，包括 *ACO*2，*ACO*3，*EIN*2，*EIL*1。更有意思的是，*EIN*2 或 *EIL*1 突变显著抑制铵对 *AMT* 基因的诱导，而且 *ein*2 和 *eil*1 突变体铵吸收活性下降。分子生物学和生化学试验证实，EIL1 可直接结合 *AMT*1；1，*AMT*1；2 和 *GS*1；1 的启动子激活这些基因的转录，形成 AMT-EIL1-AMT 的负反馈调控模式。上述研究结果皆在明确铵态氮吸收和代谢通过激活乙烯信号提高水稻对纹枯病的抗性机制，而且提出通过合理施用氮肥提高水稻抗病性的新设想。

关键词：水稻纹枯病；铵吸收；同化；乙烯；抗性

---

* 资助项目：国家自然科学基金项目（31300657）；高校高层次人才引进项目（880416008）

** 第一作者：陈欢，硕士研究生，研究方向为植物免疫学；E-mail：ichenhuan0321@163.com
*** 通信作者：玄元虎；E-mail：xuanyuanhu115@syau.edu.cn

黏菌内细菌多样性研究*

Diversity of Bacteria in Myxomycetes

李　姝**，亓　宝，王　琦***，李　玉***

（吉林农业大学，食药用菌教育部工程研究中心，长春　130118）

黏菌（Myxomycetes）是一类广泛分布在陆地生态系统中的真核生物，生活在森林、沙漠、草原和苔原等环境中的多种基质上，如腐木、活树皮、落叶、大型草本植物花序等（Stephenson *et al.*，2008）。同时，黏菌也成了一类易被人忽视的作物“病害”，自20世纪80年代，我国陆续对黏菌引起蔬菜、瓜果、食用菌病害进行了报道（李玉等，2008）。然而，由于黏菌基因组高度复杂，基因组测序等研究工作尚未完成，目前人们对于黏菌生物学认识仍然有限。在黏菌的生活史中，细菌不仅是黏菌的食物源，并在黏菌个体发育的不同阶段能检测到细菌的存在（Kalyanasundaram，2004），两者间具有密切的关联。黏菌作为原生动物中重要分支（Adl *et al.*，2012），黏菌与细菌的关联研究，对于深入理解黏菌生物学行为，认识真核生物与原核生物间的协同演化都具有重要意义。由此，课题组对黏菌内细菌多样性及代谢功能等方面进行了研究。

对来自6目9科33属89种112份黏菌基因组DNA进行Illumina Miseq 16S扩增子测序，共获得OTUs 7 077个，发现黏菌子实体与原生质团中都含有丰富细菌，细菌大多隶属于变形菌门Proteobacteria、拟杆菌门Bacteroidetes、酸杆菌门Acidobacteria、厚壁菌门Firmicutes等，在不同种属的黏菌内发现细菌群体组成差异较大。为进一步研究黏菌对细菌的偏好性选择，通过黏菌湿室培养与16S扩增子测序，发现黏菌原生质团中细菌与环境细菌具有较高相似性，采用SourceTracker分析黏菌原生质团中细菌来源，其中的优势细菌主要来自于黏菌生长基质，而稀有细菌可能是黏菌自身携带。此外，在黏菌原生质团营养代谢功能的转录组研究中，分别以燕麦和细菌作为营养源，黏菌原生质团的代谢途径完全不同，细菌不仅为黏菌提供营养物质，可能也为原生质团的代谢活动提供了有利帮助。

关键词：多样性；细菌；营养代谢

*　资助项目：国家自然科学基金项目（31770011）

**　第一作者：李姝，博士后，研究方向为黏菌生物学；E-mail：ls_ 0830@163.com

***　通信作者：王琦；E-mail：qiwang@jlau.edu.cn

李玉；E-mail：yuli966@126.com

病原微生物分泌蛋白与植物免疫操控*

Modulation of Plant Immunity by Microbe-derived Secretory Proteins

秦　君[1]，孙丽璠[1]，张燕玲[1]，张　杰[1,2]**

（1. 中国科学院微生物研究所，植物基因组学国家重点实验室，北京　100101，

2. 中国科学院生物互作卓越中心，北京　100101）

由病原微生物侵染引起的农作物病害给农业生产带来巨大损失。笔者围绕病原微生物与植物的免疫识别和分子互作，从模式细菌与模式植物的互作逐渐转变到以棉花和水稻重要病害为研究对象，发现了大丽轮枝菌和水稻黄单胞菌逃逸植物免疫识别的新策略。

大丽轮枝菌是一种典型的土传性植物真菌病原，从根部侵染包括棉花、番茄、马铃薯、大豆等在内的许多农作物造成严重的黄萎病害。笔者优化了大丽轮枝菌的遗传操作方法，在此基础上开展反向遗传学筛选，发现了大丽轮枝菌的两个关键致病因子 VdSCP41 和 VdCSIN1。VdSCP41 从真菌分泌并转运到植物细胞核内，直接靶向植物的重要免疫调控因子 CBP60g，干扰其转录因子活性，从而抑制植物免疫相关基因的诱导并促进病菌致病性，揭示了病原真菌分泌蛋白直接操控植物转录因子的免疫逃逸新策略，同时也发现了植物抗真菌免疫新组分。VdCSIN1 在感受植物信号后迅速被诱导，通过依赖于 cAMP 的信号途径调控病菌侵染结构——附着枝的形成，帮助大丽轮枝菌侵染植物，揭示了病原菌分泌蛋白通过促进自身侵染结构形成实现免疫逃逸的新策略，以及依赖于 cAMP 信号途径的大丽轮枝菌侵染结构形成调控机制。此外，通过正向遗传学筛选，发现了大丽轮枝菌的免疫激活因子，并对其与植物的识别机制开展了研究。

黄单胞菌侵染水稻造成的白叶枯病是水稻最主要的细菌性病害之一。通过对其非转录激活子样效应蛋白功能的系统分析，分离了致病效应蛋白 XopK。发现 XopK 具有 E3 泛素连接酶活性，通过该活性泛素化修饰水稻重要免疫受体激酶 OsSERK2 并介导其降解，抑制植物免疫反应从而促进病菌致病性，揭示了黄单胞菌效应蛋白 XopK 的生化功能和操控植物免疫信号传递的新机理。

关键词：大丽轮枝菌；黄单胞菌；泛素化；钙调素结合蛋白；分泌蛋白

* 资助项目：国家自然科学基金项目（31300234；31571968）；中国科学院战略性先导科技专项

** 通信作者：张杰，研究员；E-mail：zhangjie@ im. ac. cn

不同日龄棉铃虫雄虫的神经肽鉴定与差异表达分析*

Neuropeptides in the Brain of Adult Male Cotton Bollworm and Their Expressions at Different Ages

刘　伟**，刘　杨，王桂荣***

（中国农业科学院植物保护研究所，植物病虫害国家重点实验室，北京　100193）

神经肽是由神经或神经分泌细胞释放的小分子蛋白，具有神经递质、激素、神经调控剂和生长因子等功能，其能够对昆虫的各种行为（如取食、交配、学习记忆、社会性行为等）有重要的调控作用。棉铃虫雄虫在刚羽化时，取食，交配的频率较低，而随着日龄的增加，取食和交配逐渐达到高峰。笔者选取第一个和第三个暗期的雄虫大脑进行了转录组测序，并进行了比较分析。共有57条编码神经肽的基因序列被鉴定，包括在昆虫中已报道与嗅觉行为相关的神经肽，例如CCHamide、Insulin、NPF、sNPF和Tachykinin等。与已经有神经肽报道的鳞翅目昆虫，如家蚕和二化螟相比，笔者未发现Glycoprotein hormone 2。另外，CCHamide1、NPF1、Orconin、Ion transported peptide存在可变剪切。AKH1存在两个拷贝的基因，剪切的成熟肽序列完全一致，可能存在功能互补作用。基因差异表达分析（DEG）发现，AKH1a、AKH1b、Insulin2共3个基因随日龄增加而上调，Ecolosion hormone、Bursicon A两个基因随日龄增加而下调。利用qPCR对上述基因进行了验证，其中Insulin2、Ecolosion hormone、Bursicon A与DEG结果一致。AKH1a、AKH1b虽然在日龄间的表达量无显著差异，但有上升趋势。这些基因可能参与了与日龄相关的行为可塑性的调控，可能成为未来害虫绿色防控技术的新靶标。

关键词：神经肽；日龄；行为可塑性

---

* 资助项目：国家自然科学基金项目（31801807；31471933）

** 第一作者：刘伟，博士后，研究方向为害虫嗅觉受体功能；E-mail：piglight_ 326@ 163. com

*** 通信作者：王桂荣，研究员；E-mail：grwang@ ippcaas. cn

不同食物对草地贪夜蛾生长发育和繁殖的影响

Influence of Different Plant Diets on Development and Reproduction of Fall Armyworm, *Spodopera frugiperda*

赵文杰*，孙　昂，和淑琪，段艳茹，李　浩，陈亚平，桂富荣**
（云南农业大学植物保护学院/云南省生物资源保护与利用国家重点实验室，昆明　650201）

草地贪夜蛾 *Spodoptera frugiperda*（J. E. Smith）俗称秋黏虫，原产于美洲热带及亚热带地区，是一种重要的世界性农业害虫，自 2019 年 1 月在云南省普洱市江城县首次发现以来，短短几个月的时间，该虫迅速扩散至我国多个省市，给我国农业造成了巨大的损失。为摸清不同食物对草地贪夜蛾生长发育和繁殖力的影响，本研究于 27℃光照培养箱中，分别用玉米叶片、玉米粒、马铃薯叶片、甘蔗叶片、生姜叶片和烟叶饲养草地贪夜蛾，结果表明：不同食物对草地贪夜蛾的发育历期及繁殖力均存在较大影响。取食不同食物的草地贪夜蛾幼虫各龄期间存在差异，取食玉米叶片的 1~5 龄幼虫的历期均比取食其他食物的历期要短，其中，取食玉米叶片的 1 龄历期最短，仅为 1.2d，除姜叶外，取食食物的其 6 龄历期均比其他龄期要长，其中，取食烟叶的 6 龄历期最长，约为 6d；在不同虫态中，取食姜叶的幼虫历期（31.5d）和世代历期（47d）最高，与其他食物存在显著性差异（$P<0.05$），取食不同食物的草地贪夜蛾蛹历期差异不显著，均在 8~9d；此外，取食姜叶各龄期幼虫的体重均比其他的要轻，且存在显著性差异（$P<0.05$），取食烟草的蛹重最轻，仅为 137.59mg；取食不同食物对草地贪夜蛾雌虫的繁殖力也存在影响，其中，取食马铃薯叶片的单雌产卵量最高（554.67 粒），其次为玉米叶片（481.43 粒），卵的孵化率依次为：玉米叶片>玉米粒>马铃薯叶片>甘蔗叶片>烟叶>姜叶；草地贪夜蛾成虫的雌、雄比也会受到食物的影响，本研究中，取食玉米叶片、玉米粒和烟叶的都是雌虫≥雄虫，雌雄比分别为 1∶1、1.7∶1 和 1.2∶1，取食马铃薯叶片和甘蔗叶片的均为雄虫>雌虫，雌雄比分别为 1∶1.2 和 1∶1.6。研究发现，取食马铃薯和甘蔗的幼虫均存在 7 龄，分别占实验组的 15%和 87%，取食姜叶的幼虫期可长达 8 龄。本研究结果初步明确了不同食物对草地贪夜蛾的生长发育和繁殖的影响，为进一步阐明其田间发生规律及种群暴发机制奠定了基础。

关键词：草地贪夜蛾；不同食物；生长发育；繁殖力

---

* 第一作者：赵文杰，硕士研究生，主要从事农业昆虫与害虫防治；E-mail：1300032013@ qq. com
** 通信作者：桂富荣；E-mail：furonggui18@ sina. com

叉角厉蝽成虫对黏虫的捕食功能反应*

The Functional Response of *Eocanthecona furcellata* (Wolff) to *Mythimna separate* (Walker)

廖贤斌**，高　平，李丽芳，兰明先，陈　斌，李　强，吴国星，高　熹***
（云南农业大学植物保护学院，昆明　650201）

黏虫是一种世界性的害虫，其在我国广泛分布，除新疆、西藏外，各省都有报道。食性广，能为害玉米、水稻、小麦等禾本科植物以及林木、果树幼苗以及豆麻等作物，对我国作物生产造成严重威胁。叉角厉蝽作为捕食性天敌，其捕食范围广，尤其喜欢捕食鳞翅目害虫，对大多数鳞翅目幼虫都具有捕食作用，而且目前国内外都有相关的研究发现叉角厉蝽具有很好的生物控制作用。为探明叉角厉蝽对黏虫幼虫的捕食潜力，在室内研究了叉角厉蝽对黏虫的捕食功能反应、搜寻效应以及干扰反应。研究结果表明，叉角厉蝽成虫对黏虫 3 龄、4 龄、5 龄的幼虫的捕食功能反应均符合 Holling Ⅱ模型，其反应方程分别为 $N_e=0.9009N/(1+0.0114N)$、$N_e=0.7291N/(1+0.0723N)$、$N_e=0.9322N/(1+0.2639N)$。在室内条件下，叉角厉蝽对黏虫 5 龄幼虫的瞬时攻击率最高，对黏虫 4 龄幼虫的瞬时攻击率最低；随着黏虫龄期的增大，叉角厉蝽成虫对黏虫的处理时间也越长，而且叉角厉蝽成虫对黏虫 4、5 龄幼虫的取食量明显低于对 3 龄幼虫的取食量。在黏虫龄期固定时，叉角厉蝽捕食量与黏虫密度呈正相关。叉角厉蝽成虫对黏虫 3 龄、4 龄、5 龄幼虫的搜寻效应为 $S=0.9009/(1+0.0114N)$、$S=0.7291/(1+0.0723N)$、$S=0.9322/(1+0.2639N)$。结果表明，在相同龄期内，搜寻效应随着猎物密度的增加而减少。干扰反应的结果表明，当试验设置黏虫 3 龄幼虫的密度为 50 头时，叉角厉蝽的捕食量与其自身密度呈正相关关系，但叉角厉蝽对黏虫的寻找效应与其密度呈负相关，说明在一定的空间下，叉角厉蝽会对同种个体的捕食产生干扰。

关键词：叉角厉蝽；黏虫；捕食功能反应；干扰反应

---

* 资助项目：国家重点研发计划项目（2018YFD0200703；2018YFD0200308）
** 第一作者：廖贤斌，硕士研究生，研究方向为害虫生物防治；E-mail：565936610@qq.com
*** 通信作者：高熹，副教授；E-mail：chonchon@163.com

叉角厉蝽的唾液腺超微结构观察*

Ultrastructure of the Salivary Glands of the Stink Bug Predator *Eocanthecona furcellata* (Wolff)

高　平**，廖贤斌，李丽芳，兰明先，王倩倩，陈　斌，吴国星，高　熹***
（云南农业大学植物保护学院，昆明　650201）

叉角厉蝽 *Eocanthecona furcellata*（Wolff）属半翅目 Hemiptera 蝽科 Pentatomidae 益蝽亚科 Asopinae 昆虫。其若虫和成虫都能捕食鳞翅目、鞘翅目、半翅目等多种害虫，特别是对鳞翅目害虫有较强的捕食能力，是一种重要的捕食性天敌。叉角厉蝽将刺吸式口器插入猎物体内并分泌唾液，导致猎物快速麻痹和死亡，之后它们再悠闲地吸食猎物，猎物的麻痹和死亡是由于唾液腺产生的分泌物释放到猎物内部产生的作用。然而，叉角厉蝽 *E. furcellata* 唾液分泌物中引起麻痹和猎物死亡的唾液化合物的释放机制仍然是未知的。为深入了解其唾液化合物的组分、释放过程及其致死机制，笔者对该虫的唾液腺超微结构进行了研究。研究发现叉角厉蝽的唾液腺由一对主要唾液腺和管状的附属唾液腺组成。主要唾液腺是双叶的，其中前叶（anterior lobe，AL）小于伸长的后叶（posterior lobe，PL），在前叶和后叶之间的连接处插入了具有 U 形折叠的附属唾液腺导管（the duct of the accessory salivary gland，AD）和细长的主要唾液腺导管（the duct of the principal salivary gland，PD），附属唾液腺导管的末端连接着狭窄的附属唾液腺。在主要唾液腺（前叶和后叶）和附属唾液腺中都出现具有柱状或立方形细胞的腺上皮，细胞质富含粗面内质网，含有一个或两个核以及去浓缩的染色质和核仁，这些都是蛋白质分泌细胞的典型特征。在分泌细胞的基底细胞区域具有质膜折叠，分泌颗粒散布在整个细胞质中，而顶端细胞区域有一些短的微绒毛。主要唾液腺和附属唾液腺的导管由单层扁平细胞构成，其顶端部分衬有一层薄的表皮。唾液腺超微结构特征表明，叉角厉蝽唾液腺由主要唾液腺和附属唾液腺组成，二者在唾液的蛋白质合成中可能起着重要的作用。

关键词：唾液腺；超微结构；叉角厉蝽

* 资助项目：国家重点研发计划项目（2018YFD0200703；2018YFD0200308）
** 第一作者：高平，硕士研究生，研究方向为害虫生物防治；E-mail：gaoping65432@163.com
*** 通信作者：高熹，副教授；E-mail：chonchon@163.com

次级共生菌 *Hamiltonella defensa* 介导荻草谷网蚜反寄主植物防御策略*

Anti-plant Defense Response Strategies Mediated by the Secondary Symbiont *Hamiltonella defensa* in the Wheat Aphid *Sitobion miscanthi*

李　迁**，范　佳，孙靖轩，陈巨莲***
（中国农业科学院植物保护研究所，农业部作物有害生物综合治理重点实验室，北京　100193）

在昆虫与寄主植物互作关系中，内共生菌扮演了幕后操纵者的角色。然而内共生菌的原位生态功能、内共生菌帮助宿主昆虫克服寄主植物防御反应的研究报道仍较少。目前已有研究发现，昆虫内共生菌能够抑制寄主植物的防御反应，然而在蚜虫体内具有此类功能的共生菌还仍未见报道。因此，本研究以荻草谷网蚜为研究对象，基于前期筛选得到了自然感染 *H. defensa*（玉溪种群，YX）和缺失 *H. defensa*（德州种群，DZ）的荻草谷网蚜种群基础上，通过显微注射和抗生素处理建立了与 DZ 种群遗传背景一致的人工感染 *H. defensa*（DZ-H）和人工缺失 *H. defensa*（DZ-HT）的实验种群。荧光原位杂交实验揭示了 *H. defensa* 在蚜虫胚胎中主要存在于血淋巴、鞘细胞和次级菌胞中，紧密围绕在初级共生菌 *Buchnera aphidicola* 的周围。同时生态适应性实验表明感染 *H. defensa* 显著提高荻草谷网蚜适应性，具体表现为更高的总产蚜量和更短的发育历期。此外，荧光定量 PCR 和酶活测定实验表明与缺失 *H. defensa* 的蚜虫相比，感染 *H. defensa* 后的蚜虫取食小麦叶片后显著抑制了小麦水杨酸（SA）和茉莉酸（JA）防御途径关键基因的表达，同时抑制了小麦防御性保护酶多酚氧化酶（PPO）和过氧化物酶（POD）活性。以上研究结果阐明了共生菌 *H. defensa* 介导的反寄主植物防御的策略，主要通过抑制寄主植物防御途径关键基因的表达及植物防御性保护酶活性来实现。自 2016 年以来，我国农业经济的发展取得了“十三五”良好开端，基于我国农业供给侧结构性改革的大背景下，解析内共生菌在昆虫体内的生态学功能及共生菌-昆虫-植物三者互作关系为拓展植物抗虫新思路及防治害虫新策略——“抑菌防虫”提供一定的理论支撑，同时基于清晰共生菌的功能为作物品种的田间布局及合理采用防治措施具有一定指导意义。

关键词：荻草谷网蚜；*Hamiltonella defensa*；防御途径；保护酶活性；抑菌防虫

---

* 资助项目：国家自然科学基金项目（31871979）；中国农业科学院科技创新工程项目（2017YFD0201700）

** 第一作者：李迁，博士研究生，研究方向为害虫生物防治；E-mail：liqian0927@ yeah. net

*** 通信作者：陈巨莲；E-mail：chenjulian@ ippcaas. cn

葱地种蝇成虫肠道伴生真菌多样性研究*

Gut Fungal Diversity of *Delia antiqua* Adults

周方园**，刘　梅，吴晓青，赵晓燕，周红姿，
张广志，谢雪迎，范素素，于海洋，张新建***
（齐鲁工业大学（山东省科学院）生态研究所，
山东省应用微生物重点实验室，济南　250014）

葱地种蝇俗称“蒜蛆”，是为害百合科蔬菜，如大蒜、大葱、洋葱等作物的重要害虫。它主要以幼虫取食大蒜等作物的地下部分，为害严重时，幼虫直接钻入大蒜内部取食，如果不加防治，会造成大蒜减产50%以上，给我国的大蒜生产造成严重的经济损失。前期我国的研究学者对这一害虫的防治进行了大量系统的研究，但是就这一害虫伴生微生物的研究相对较少。伴生微生物能够提高昆虫的适应性，如促进昆虫生长、降解植物有毒次生代谢物、合成信息素等功能，研究这些伴生微生物的功能可能为害虫防治提供新的思路和契机。本实验在我国大蒜主产区山东省的济宁市金乡县、泰安市岱岳区范镇、临沂市兰陵县进行了田间葱地种蝇成虫样本的采集，并以 ITS1F 和 ITS2R 引物进行高通量测序检测了葱地种蝇成虫肠道中的真菌微生物群落。结果表明，在 3 地采集的 37 个样品中，总共检测到 435 个 OUT，涉及 55 个目、121 个科、191 个属的真菌物种。在属分类水平上，葱地种蝇幼虫肠道的伴生真菌主要为 *Aspergillus*（22.39%）、*Mortierella*（24.76%）、*Mycocentrospora*（10.95%）、*Wickerhamomyces*（1.76%）；其中能够鉴定到种水平的物种有 *Aspergillus niger*、*Filobasidium magnum*、*Wickerhamomyces tassiana* 等。此外，高通量测序结果表明，三地采集的样本测序结果在 Alpha 多样性水平上虽存在差异，但是没有达到显著性水平。上述研究结果旨在探索葱地种蝇成虫的微生物多样性，为进一步开展葱地种蝇及其伴生微生物间互作研究提供前期基础。

关键词：葱地种蝇；蒜蛆；肠道菌；虫菌共生；真菌多样性

---

* 资助项目：国家自然科学基金项目（31700426）；山东省自然科学基金（ZR2017BC050）；山东省重点研发计划（2019GSF109056）

** 第一作者：周方园，助理研究员，研究方向为昆虫生态学；E-mail：fangyuan_ zhou@ 163. com

*** 通信作者：张新建；E-mail：zhangxj@ sdas. org

葱地种蝇幼虫可培养伴生细菌的分离鉴定

Isolation and Identification of Culturable Associated Bacteria of *Delia antiqua* Larva

刘　梅*，周方园，吴晓青，赵晓燕，周红姿，张广志，
谢雪迎，范素素，于海洋，张新建**
（齐鲁工业大学（山东省科学院）生态研究所，
山东省应用微生物重点实验室，济南　250014）

葱地种蝇的幼虫也称“蒜蛆”（*Delia antiqua*），是为害大蒜的一种常见的地下害虫，可取食为害大蒜根茎，造成植株萎蔫、死亡，严重影响百合科作物产量和品质。蒜蛆暴发时可造成作物显著减产、甚至绝收，经济损失高达50%~70%。目前，关于蒜蛆伴生微生物的研究相对较少，这方面的研究可能为防治害虫提供新的思路。本实验在我国大蒜主产区山东省临沂市兰陵县进行了田间葱地种蝇幼虫样本的采集，采用依赖培养的分离方法以及16S rDNA扩增测序的方法，分离鉴定了葱地种蝇幼虫体表及肠道中的可培养细菌微生物群落。试验总共分离到658株菌株，涉及4个门12个属的15种细菌。在种分类水平上，葱地种蝇幼虫体表及肠道伴生细菌主要为：*Pseudomonas protegens*（23.70%）、*Citrobacter freundii*（19.6%）、*Sphingobacterium faecium*（18.39%）、*Stenotrophomonas maltophilia*（11.25%）、*Delftia tsuruhatensis*（7.75%）、*Enterobacter ludwigii*（4.71%）、*Serratia plymuthica*（4.56%）、*Sphingobacterium* sp.（4.10%）、*Acinetobacter* sp. 1（1.82%）、*Arthrobacter pascens*（0.91%）、*Bacillus cereus*（0.91%）、*Acinetobacter* sp.（0.91%）、*Erwinia* sp. 1（0.91%）、*Klebaiella oxytoca*（0.91%）、*Sphingobacterium yanglingense*（0.91%）。上述研究结果探明了葱地种蝇幼虫伴生细菌的多样性，为进一步开展葱地种蝇及其伴生微生物间互作研究提供研究基础。

关键词：葱地种蝇；蒜蛆；伴生菌；虫菌共生；分离鉴定

---

* 第一作者：刘梅，研究生，研究方向为环境工程；E-mail：1826344955@qq.com

** 通信作者：张新建；E-mail：zhangxj@sdas.org

大草蛉感觉神经元膜蛋白（SNMP）基因克隆与表达研究*

Gene Cloning and Expression Analysis of Sensory Neuron Membrane Protein Gene from *Chrysopa pallens*

王　娟**，张礼生，王孟卿，刘晨曦***，陈红印***
（中国农业科学院植物保护研究所，农业部作物有害生物综合治理重点实验室，北京　100193）

大草蛉是一种非常优良的天敌资源，在自然界对多种害虫种群数量的消长有显著的控制效果，其主要捕食蚜虫、粉虱、螨类、小型鳞翅目幼虫、蓟马、介壳虫和斑潜蝇的幼虫等。然而，成虫释放之后易飞离靶标区域，形成“无天敌”空间。因此，对大草蛉嗅觉系统的深入研究，明确其嗅觉识别机制，研究引诱大草蛉的信息化学物质，对促进其在农田生态系统中的重要生物防治作用至关重要。通过 RACE PCR 的方法克隆了大草蛉 SNMP 基因全长序列，并对其进行了生物信息学分析。利用荧光定量 qRT-PCR 技术研究了大草蛉 SNMP 基因在成虫不同组织、不同发育阶段的触角，以及交配前后在触角中的表达情况，同时对大草蛉 1~3 龄幼虫中 SNMP 基因的表达情况也做了相关研究。克隆得到了大草蛉感觉神经元膜蛋白 SNMP 基因全长，BLASTx 比对发现其与多种昆虫 SNMP2 序列比对上，因此，将该 SNMP 基因命名为 CpalSNMP2。序列分析表明，CpalSNMP2 编码区全长 1 716bp，其 mRNA 编码的蛋白为 571 个氨基酸。预测的蛋白分子量为 65.06 ku，等电点为 5.25。采用 TMHMM 程序预测 CpalSNMP2 蛋白的跨膜区，结果表明其具有两个跨膜区，分别位于 N 端和 C 端。亲脂性分析该蛋白包含有几个疏水区域，主要分布于 N 端和 C 端。序列比对结果显示，不同目昆虫 SNMP2 蛋白序列之间存在几个保守位点，且序列相似性为 48.51%。包括转录组鉴定得到的 CpalSNMP1 序列在内的系统发育进化树结果显示来自不同目的所有昆虫 SNMPs 被分为 2 种 SNMP 家族基因，分别是 SNMP1 和 SNMP2，CpalSNMP1 和 CpalSNMP2 分别聚在进化枝 SNMP1 和 SNMP2 中。qRT-PCR 结果显示 CpalSNMP2 在雌、雄触角及翅膀中表达量显著高于在其他组织中的表达量，其次在腹部和胸部的表达量也较高，在头部和足中的表达量最少。其中在雄虫翅中的表达量是在雌虫翅中表达量的 2.0 倍（$P<0.05$）。此外，在成虫雌、雄触角中表达量均显著高于幼虫期表达量。对其在成虫不同发育阶段的触角（第 1 日龄、第 10 日龄、第 25 日龄的成虫雌、雄触

---

* 资助项目：国家自然科学基金项目（31572062）；948 重点项目（2011-G4）
** 第一作者：王娟，博士研究生，研究方向为害虫生物防治；E-mail：wangjuan350@163.com
*** 通信作者：陈红印；E-mail：hongyinc@163.com
刘晨曦；E-mail：liuchenxi2004@126.com

角）中的表达量情况研究结果显示随着成虫龄期的增加，*CpalSNMP*2 基因在雌、雄触角中的表达量也随之增加，在成虫 25 日龄时表达量达到最高。上述研究结果旨在明确大草蛉 *CpalSNMP*2 基因表达分布特征的基础上，推测其可能的功能，为进一步进行功能研究奠定基础。

关键词：大草蛉；触角；感觉神经元膜蛋白；RACE PCR；荧光定量

稻瘟病菌蛋白精氨酸甲基转移酶调控生长发育及致病性的研究进展*

Advance of Arginine Methyl Transferases in the Regulation of Development and Pathogenesis in Rice Blast Fungus

李智强**，刘文德***

（中国农业科学院植物保护研究所，植物病虫害生物学国家重点实验室，北京 100193）

由丝状真菌稻瘟病菌（*Magnaporthe oryzae*）引起的稻瘟病是水稻三大病害之一，平均每年可造成高达10%～30%的水稻产量损失，严重威胁水稻的高产、稳产（Dean *et al.*，2005）。2014年，安徽省五河县等地种植“两优0293”杂交稻，因稻瘟病而大面积减产，甚至绝收，造成了严重的经济损失与社会负面影响，这一事件为中国的粮食安全敲响了警钟。近些年研究证明，稻瘟病菌对小麦与大麦的危害呈逐年加重趋势（Delventhal *et al.*，2017；Sadat & Choi，2017）。长期以来，对稻瘟病的防控还主要依赖于化学农药的应用，但增加了粮食生产成本并且加剧了环境污染；另外，培育水稻抗病新品种，也是一项防控稻瘟病有效经济的策略，但新品种的培育是一项耗时费力的长期工作，并且稻瘟病菌菌株变异频率很大，已有的抗性优良品种很快丧失抗性（Valent & Chumley，1991）。因此，对稻瘟病菌进行深入了解、探究稻瘟病菌致病机理并开发持久、绿色抗稻瘟病防控技术显得尤为重要（Vleeshouwers & Oliver，2014）。

研究证明酿酒酵母（*Saccharomyces cerevisiae*）中含有Hmt1、Rmt2、Hsl7和Sfm1精氨酸甲基转移酶。前3种PRMT属于同一类甲基转移酶，均含有7个相同的β折叠结构，而Sfm1是属于SPOUT家族的甲基转移酶，肽链折叠方式与其他PRMT不同。Hmt1属于I型PRMT，是酵母中最为重要的精氨酸甲基转移酶，负责89%的ADMA和将近66%的MMA的生成（Gary *et al.*，1996）。Hmt1催化底物包含组蛋白和非组蛋白。组蛋白H4的精氨酸残基3受Hmt1的催化生成非对称双甲基化（H4R3me2a）（Schiza *et al.*，2013）。大多数非组蛋白底物为核不均一核糖核蛋白（hnRNPs），其C端常富含RGG/RG重复序列并作为精氨酸甲基化位点（Bedford & T.，2007），进而参与调控mRNA、rRNA加工，pre-mRNA剪接和RNAs核质转运。Rmt2及其同源蛋白只在几种真菌生物有发现，并且保守

* 资助项目：国家自然科学基金项目（31772119；31422045）

** 第一作者：李智强，博士，主要从事植物与病原真菌互作分子机制研究；E-mail：zhiqiangdo_771@163.com

*** 通信作者：刘文德，研究员；E-mail：liuwende@caas.cn

（Bachand & F.，2007）。Hsl7 与人类 PRMT5 为同源蛋白，属于Ⅱ型 PRMT，可以催化组蛋白 H2A 的甲基化修饰（Sayegh & Clarke，2008）。

在植物病原真菌中 *PRMT* 基因也是高度保守的，并对病原真菌的生长发育与致病性起重要调控作用。王光辉等研究发现，禾谷镰刀菌（*Fusarium graminearum*）基因组含有 4 个编码 PRMT 蛋白的基因，但这四个 *PRMT* 基因中只有 *AMT*1 突变体具有明显表型，主要表现为侵染力和毒力显著降低，而另外 3 个基因的突变体都与野生型无明显差异（Wang *et al.*，2012）。构巢曲霉（*Aspergillus nidulans*）中已报道的有 3 种精氨酸甲基转移酶，分别为 RmtA、RmtB 和 RmtC。*rmtA*，*rmtB* 和 *rmtC* 敲除突变体在营养生长和生殖上都没有明显缺陷，但 *rmtA*、*rmtC* 突变体对过氧化氢的敏感性增强，且高温处理下，*rmtC* 突变体菌丝生长明显减慢（Bauer *et al.*，2010）。

研究表明，黄曲霉菌（*Aspergillus flavus*）中精氨酸甲基转移酶 AflrmtA 通过调控 *brlA* 和 *abaA* 基因的活性而控制黄曲霉菌的产孢能力，并通过上调 *nsdC* 和 *nsdD* 基因的表达促进菌核的形成。AflrmtA 通过上调 *aflR*、*aflC* 和 *aflK* 基因的表达而显著促进 PDA 和 PDB 培养基上黄曲霉菌内黄曲霉毒素的合成；致病性分析发现，在花生与玉米种子上，AflrmtA 可抑制黄曲霉孢子的生成，并可促进黄曲霉的生物合成，说明 AflrmtA 对黄曲霉的生长发育，毒素生成与致病性起重要调控作用（Li *et al.*，2017）。白色念珠菌（*Candida albicans*）中所报道的与酵母 HMT1、RMT2 同源的 Cahmt1 和 Carmt2 对白色念珠菌的生长都没有影响，但是 Cahmt1 是该菌主要的功能性精氨酸甲基转移酶（Mcbride *et al.*，2007）。

最近 Li 等研究证明稻瘟病菌 *MoHMT*1 敲除突变体生长速率明显受到抑制，且其致病性明显降低。Pull-down 分析证明 MoHMT1 与 RNA 剪接体重要组分 MoSNP1 存在相互作用，且 MoSNP1 的 247、251、261 和 271 精氨酸残基是 MoHMT1 催化位点。RNA-seq 结果分析表明，正常生长条件下，与野生型菌株相比，*MoHMT*1 敲除突变体中包括自噬相关基因（Autohagy-related gene，ATG）*MoATG*4 在内的 558 个基因的 pre-mRNAs 发生了非正常剪接。在光照或缺氮条件下，MoHMT1 定位于自噬体，而 *MoHMT*1 敲除突变体的细胞自噬形成过程明显受到抑制。在缺氮条件下，另外 6 个 MoATG 基因的 pre-mRNAs 也发生了非正常剪接，与此同时，这 6 个 MoATG 基因的正常 mRNA 表达水平明显降低（Li *et al.*，2019）。该研究结果证明稻瘟病菌中蛋白精氨酸甲基转移酶 MoHMT1 通过对 MoSNP1 的甲基化修饰调控 ATG 基因 pre-mRNAs 的选择性剪接，进而调节稻瘟病菌中细胞自噬的形成过程，为稻瘟病菌的防治提供了重要候选靶点。进一步利用酵母双杂交分析发现，MoHMT1 可与 MoFKH1 相互作用。MoFKH1 为 Forkhead-box 类转录因子，参与调控稻瘟病菌的生长发育与致病性（Park *et al.*，2014），但其具体分子机制以及如何受 MoHMT1 调控目前尚不清楚，相关研究工作正在进行中。

关键词：蛋白精氨酸甲基转移酶（PRMT）；自噬；稻瘟病菌；MoSNP1；pre-mRNA 剪接；致病性

二化螟盘绒茧蜂卵巢分泌蛋白的组分及功能分析

Components and Functions of *Cotesia chilonis* Secreted Ovarian Proteins

滕子文，方　琦，叶恭银*

（浙江大学昆虫科学研究所，水稻生物学国家重点实验室，
农业农村部作物病虫分子生物学重点实验，杭州　310058）

通过转录组和蛋白组相结合的方式，笔者从二化螟 *Chilo suppressalis* 的优势内寄生蜂二化螟盘绒茧蜂 *Cotesia chilonis* 中，鉴定到 817 种卵巢分泌蛋白，以各种酶类为主。其中，5 种可能与蜂卵的被动防御相关。在这 5 种被动防御蛋白中，一种与微红盘绒茧蜂 *C. rubecula* Crp32 蛋白同源的蛋白为 Crp32B，经过验证，具有保护琼脂糖珠子不被寄主血细胞包囊的作用。Crp32B 在卵巢细胞、滋养细胞、滤泡细胞和卵母细胞中均有转录表达，蛋白分布于卵巢各部位和卵的表面。并且，Crp32B 与多种寄主蛋白具有抗原相似性，其可能通过分子拟态的机制保护蜂卵不被寄主免疫系统攻击。

关键词：二化螟盘绒茧蜂；二化螟；卵巢分泌蛋白；被动防御

* 通信作者：叶恭银；E-mail：chu@ zju. edu. cn

二化螟诱导水稻释放D-柠檬烯的昼夜节律*

Rhythms of D-limonene Releases from *Chilo suppressalis*-damaged Rice

杜立啸[1]**，张　凡[1]，胡晓云[1]，董　敏[2]，袁洪振[2]，宋福平[1]，李云河[1]***
（1. 中国农业科学院植物保护研究所，植物病虫害生物学国家重点实验室，北京　100193；
2. 山东鸿林工程技术有限公司，济南　250101）

植物在长期与昆虫协同进化的过程中，形成一套非常复杂而高效的防御系统。其中通过释放挥发物吸引天敌是植物间接防御最重要的组成部分。植物挥发物种类繁多，有的组分是植物持续释放的，但释放量偏低，而植物一旦受到虫害或者机械损伤，挥发物的释放量显著增多，甚至合成新的化合物。虫害诱导的挥发物在植物间接防御方面发挥着关键作用，它们的释放节律是植物的重要生理特征，影响着每种挥发物的生理功能。目前，关于虫害诱导挥发物释放节律的研究主要集中在模式植物中，在水稻等农作物中的研究很少。水稻作为一种重要的粮食作物，在整个生长周期中均面临着二化螟等害虫的为害，造成了严重的经济损失。前期研究表明，二化螟为害水稻释放的D-柠檬烯对二化螟盘绒茧蜂具有明显的吸引作用，但水稻释放D-柠檬烯的昼夜节律一直未有报道。本研究中，以分蘖期水稻（明恢63）为实验材料，以3龄二化螟为供试昆虫，每隔3 h收集一次健康水稻和二化螟诱导水稻挥发物，连续收集72 h。通过GC-MS进行定量分析水稻释放D-柠檬烯的昼夜差异。结果发现，健康水稻D-柠檬烯的释放量显著低于二化螟诱导水稻的释放量，并且没有明显的昼夜变化。二化螟诱导水稻D-柠檬烯的释放节律在前24 h内并无显著变化；在24~48 h内出现了2次明显的高峰，分别是6:00—9:00和12:00—15:00，并且D-柠檬烯白天的释放量要显著高于夜间释放量。在48~72 h内，也出现了2次高峰，分别在3:00~6:00和12:00—15:00，同样D-柠檬烯在白天的释放量要高于夜间释放量。该结果与已报道的二化螟盘绒茧蜂的活动规律基本一致。这说明植物—昆虫—天敌在长期的协同进化过程中形成了一套有序的生态体系，植物在受到害虫为害后，不仅会增加挥发物的释放量，还会主动调节挥发物的释放节律，以便在最低的能量消耗范围内吸引更多的天敌来减轻为害。这一发现为虫害诱导挥发物调节植物—昆虫—天敌三级营养关系提供了新的视角，同时在应用上为水稻抗虫性研究及稻田害虫综合防控提供了新思路。

关键词：间接防御；水稻；D-柠檬烯；昼夜节律

---

* 资助项目：国家自然科学基金项目（31972984）；中国博士后科学基金（2019M650923）

** 第一作者：杜立啸，博士后，从事植物挥发物介导的植物—昆虫—天敌三级营养关系方向的研究；E-mail：dulixiao_1988@163.com

*** 通信作者：李云河，研究员；E-mail：yunheli2012@126.com

非食用活性化合物：设计与合成新型含异噁唑基的香柏酮类衍生物作为杀虫剂候选物*

Non-food Bioactive Products: Design and Semisynthesis of Novel (+) -nootkatone Derivatives Containing Isoxazoline Moiety as Insecticide Candidates

刘芝延**，侯恩花，马楠楠，郭　勇***

（郑州大学药学院，郑州　450001）

香柏酮是一种天然的双环倍半萜类化合物，最初从阿拉斯加黄柏的芯材中分离出来，也存在于芸香科和姜科植物中。为了寻找新的天然产物杀虫剂，本文采用［3+2］环加成反应设计并合成了25个含异噁唑基团的香柏酮类衍生物，所有化合物的结构经各种波谱分析表征，其中化合物2h的结构进一步经X-单晶衍射证明其正确性。目标化合物2g、2i、2q、2u、2w和2y对黏虫和小菜蛾均表现出超过商品化植物源农药川楝素的杀虫活性。尤其是化合物2i和2w，对黏虫表现出明显的生长发育抑制活性，最终死亡率均达到73.3%。化合物2r对小菜蛾幼虫表现出较好的触杀活性，其LC_{50}值为0.23μmol/L。此外，构效关系分析表明：当取代基R为二卤代取代基时，相对应的香柏酮类衍生物对黏虫的抑制生长发育活性高于单卤代取代基的香柏酮类衍生物，当取代基R为给电子基团时，相对应的香柏酮类衍生物对黏虫和小菜蛾的杀虫活性都低于取代基为吸电子基团的香柏酮类衍生物。化合物2h、2l、2p、2r和2w对哺乳动物细胞（RAW 264.7）均表现出较低的毒性。

关键词：天然产物；香柏酮；异噁唑；杀虫活性；构效关系

---

* 资助项目：国家自然科学基金项目（21502176）

** 第一作者：刘芝延，硕士研究生，研究方向为天然产物结构修饰及其生物活性；E-mail：834076480@qq.com

*** 通信作者：郭勇，副教授，研究方向为天然药物化学；E-mail：guoyong_122@163.com

高温胁迫对扶桑绵粉蚧生活史的影响*

Effect of High-temperature Stress on the Life History Parameters of *Phenacoccus solenopsis* Tinsley

陈红松[1,3]**，孟　醒[1,2]，李金峰[1,2]，姜建军[1]，
黄立飞[1]，周忠实[3]，桂富荣[2]，杨朗[1]***
（1. 广西农业科学院植物保护研究所，广西作物病虫害生物学重点实验室，南宁　530007；
2. 云南农业大学植物保护学院，昆明　650201；
3. 中国农业科学院植物保护研究所，植物病虫害生物学国家重点实验室，北京　100193）

扶桑绵粉蚧是世界性入侵害虫，为我国重要入境检疫对象，目前在大陆已分布至15个省、直辖市、自治区。已有研究表明，恒温下，扶桑绵粉蚧最佳发育温度为30℃，37℃下若虫无法长期存活，40℃下雌虫无法繁殖或卵不能孵化而无法完成生活史。夏季极端高温在我国较为常见，且频率、强度和时间均呈增长趋势，我们推测夏季高温胁迫对扶桑绵粉蚧种群发展极为不利。根据广西南宁地区夏季最热月份（7、8月）历史气象资料设置6个温度处理：常温（最高温度30℃）、平均高温（最高温度33℃）、异常高温（最高温度36℃）、罕见高温（最高温度39℃）、极端高温（最高温度42℃、45℃），用人工气候箱模拟高温胁迫。以各龄期扶桑绵粉蚧为对象，连续处理1龄、2龄、3龄若虫和成虫各5d，处理后在常温（最高温度30℃）模式下饲养。每日记录各虫龄数量、死亡虫数；雌成虫继续饲养至死亡，逐日观察，统计产仔前期、产仔期、产仔量、成虫寿命。结果表明，1龄若虫经高温处理后，后续雌虫和雄虫的发育历期、净增值率（R_0）、内禀增长率（r_m）、周限增长率（λ）随温度升高先增后减，周限增长率（λ）均大于1，平均世代历期（T）、种群加倍时间随温度升高先减后增；各龄扶桑绵粉蚧受高温胁迫后，其死亡率均有所上升；不同龄期扶桑绵粉蚧受高温胁迫后，随温度升高，后续成虫最终平均产仔量均先升后降。说明温度轻微升高有利于扶桑绵粉蚧种群发展，但极端高温不利于其种群发展；适度高温对扶桑绵粉蚧存活产生了短期实时的影响，并且会促进扶桑绵粉蚧生长，但极端高温不利于扶桑绵粉蚧各龄期存活和生长。

关键词：扶桑绵粉蚧；高温胁迫；发育适合度

---

* 资助项目：国家自然科学基金项目（31560533）

** 第一作者：陈红松，副研究员，主要从事农业入侵生物防控研究；E-mail：chenhongsong2061@163. com

*** 通信作者：杨朗，研究员，主要从事农业昆虫生态学与分子生物学研究；E-mail：yang2001lang@163. com

冠菌素调控玉米抗旱机制及产量形成的研究*

The Mechanism of Coronatine Regulated Drought Resistance and Yield Formation in Maize

鱼海跃**，韩紫璇，张钰石，段留生，张明才***，李召虎
（植物生长调节剂教育部工程研究中心/中国农业大学农学院，北京　100193）

随着气候变化，干旱的频繁发生是限制作物产量的重要环境因素。提高作物的抗旱性，是维持我国粮食安全的重要途径。应用植物生长调节剂是一种新兴的作物生物节水方式，能够提高植株的抗旱性。因此，利用植物生长调节剂是提高作物抗旱性的有效途径。冠菌素作为一种新型的植物生长调节剂，是茉莉酸的结构和功能类似物，具有低分子量高活性的特征。本研究以单子叶植物玉米为试验材料，在人工气候室和田间条件下，通过抗旱诱导剂 COR 的处理，研究了 COR 提高玉米抗旱性以及产量形成的机制。主要结果如下：①COR 通过调节 ROS 稳态，诱导气孔关闭，降低叶片失水，提高抗旱性。当第二叶完全展开时，使用不同浓度 COR 处理玉米离体植株。结果发现，0.001μmol/L COR 可以显著降低玉米离体植株的失水率。研究表明，COR 处理能够降低 PEG 诱导条件下 ROS 积累、抗氧化酶活性以及提高干旱响应基因的表达。同时通过诱导 *ZmRBOHs* 基因的表达促进 ROS 生产，进而调节气孔关闭，减少叶面蒸腾，降低叶片失水。进一步研究表明 COR 能够诱导玉米表皮和原生质体中 ROS 的产生。以上研究表明在单子叶植物玉米中，COR 可通过调控 ROS 稳态来维持植株水分含量和抗氧化酶活性，从而提高植株的抗旱性。②COR1.0 处理显著提高玉米籽粒淀粉合成酶活性，促进籽粒淀粉积累；同时提高灌浆速率和有效灌浆时间，增加了产量。吐丝后 10d 叶面喷施不同浓度 COR，对照为等量清水。适宜浓度 COR 处理显著减少玉米果穗秃尖程度，增加粒重和粒数，提高产量。同时，COR 处理能够提高籽粒灌浆速率，延长有效灌浆时间，从而增加粒重。此外，COR 处理显著提高了玉米籽粒灌浆过程中 SSS、GBSS、SBE 和 AGPase 等与淀粉合成相关的酶的活性，上调了淀粉合成关键酶基因 *ZmWX*1、*ZmAE*1、*ZmSH*1 和 *ZmSH*2 的表达量，促进了籽粒中支链和直链淀粉的积累，提高了籽粒总淀粉含量。研究结果明确了 COR 对玉米籽粒形态建成与物质积累的调控效应，为玉米增产增效栽培提供了新的技术手段。

关键词：冠菌素；抗旱；活性氧；灌浆特性；光合特性

---

* 资助项目：国家重点研发计划项目（2017YFD0300410）
** 第一作者：鱼海跃，博士后，主要从事玉米抗病研究；E-mail：yuhaiyueo@126.com
*** 通信作者：张明才，教授；E-mail：zmc1214@163.com

果蝇寄生蜂的非典型外囊泡在种间转运毒素因子以及其对寄主相关联的特异性

Venom Atypical Extracellular Vesicles as Interspecies Vehicles of Virulence Factors Involved in Host Specificity: The Case of a Drosophila Parasitoid Wasp

Wan Bin[1,3], Emilie Goguet[1], Marc Ravallec[2], Olivier Pierre[1], Séverine Lemauf[1], Anne-Nathalie Volkoff[2], Jean-Luc Gatti[1], Marylène Poirié[1]

(1. Université Côte d'Azur, INRA, CNRS, ISA, 06903 Sophia Antipolis, France;
2. INRA, Univ. Montpellier, UMR 1333, Microorganism & Insect Diversity, Genomes & Interactions (DGIMI), 34095 Montpellier, France;
3. Current address: State Key Laboratory of Rice Biology & Ministry of Agricultural and Rural Affairs, Key Laboratory of Molecular Biology of Crop Pathogens and Insects, Institute of Insect Sciences, Zhejiang University, Hangzhou 310058, China)

内寄生蜂注射虫卵于另一类昆虫体内，并利用多种保护策略来逃避或抑制寄主免疫系统，使得虫卵顺利发育。果蝇内寄生蜂、波氏匙胸瘿蜂可通过注入毒液、毒液蛋白和细胞外囊泡等，来抑制果蝇的免疫系统并有效的保护虫卵，使其在寄主体内成功发育。本文主要揭示波氏匙胸瘿蜂其毒液中细胞外囊泡能有效抑制寄主果蝇薄层细胞（免疫血细胞，仅在寄生蜂寄生后增殖和分化，主要参与包囊反应）的功能，使寄生蜂虫卵逃避寄主免疫系统的识别并顺利发育。同时，通过电子显微镜观察到外囊泡在寄生蜂的毒囊细胞中，有着一套独特的分泌和组装系统，以及可转运毒液蛋白 LbGAP1 和 LbGAP2（RhoGAP 家族蛋白，体外靶标为细胞骨架介导蛋白 Rac1 和 Rac2）进入寄主的薄层细胞内。并且，还发现外囊泡进入细胞的量的多少与果蝇种系中不同果蝇而存在差异，并影响寄生蜂的寄生成功率。

关键词：果蝇；免疫；寄生蜂；薄层细胞；细胞外囊泡

褐飞虱和黑尾叶蝉 TRPVs 的分子克隆和特征鉴定*

Molecular Cloning and Characterization of TRPVs in Two Rice Pests: *Nilaparvata lugens* (Stål) and *Nephotettix cincticeps* (Uhler)

毛　芬**，郭　磊，金　妙，乔小木，叶恭银，黄　佳***
（浙江大学昆虫科学研究所，水稻生物学国家重点实验室和
农业部作物病虫害分子生物学重点实验室，杭州　310058）

褐飞虱和黑尾叶蝉是水稻上 2 种重要的农业害虫，它们除了吸食植物汁液之外，还可以传播病毒和病原菌。这 2 种昆虫具有很强的迁飞能力和生殖能力，所以它们在为害水稻的同时也会在较短时间内对杀虫剂产生抗药性，从而对近百万公顷水稻田造成毁灭性的破坏。

在农业生产中，化学防治仍然是目前害虫防治的主要手段。在先后淘汰了有机磷类和氨基甲酸酯类杀虫剂以及噻嗪酮之后，吡虫啉的杀虫效果也随着抗药性的增加而逐渐减弱。目前市场上用来防治刺吸式口器昆虫的杀虫剂主要为吡蚜酮。一系列研究表明：吡蚜酮、新喹唑啉和双丙环虫酯通过影响昆虫的取食和运动行为来杀死害虫。2015 年，有学者以果蝇为模型发现这 3 种杀虫剂作用于特异性表达在弦音器上的 TRPVs 复合型离子通道。TRPVs 是 TRP 离子通道的亚家族，包括 *nanchung* 和 *inactive* 两个基因。然而，除了果蝇和豌豆蚜之外，我们对大多数昆虫的 TRPV 知之甚少。本研究中，首次从农业昆虫褐飞虱和黑尾叶蝉中克隆和鉴定了它们的 TRPVs：*NlNan*、*NlIav*、*NcNan* 和 *NcIav*。所预测的 4 条氨基酸序列和其他昆虫 TRPV 的氨基酸序列相似性很高（58%～85%），并且均具有 TRPV 的特征序列：5 个瞄蛋白重复序列在 6 个跨膜结构域之前。这 4 个 TRPV 基因在褐飞虱和黑尾叶蝉的所有虫态中均有转录，并且在雄成虫中的转录水平显著高于在雌成虫中的转录水平。更重要的是，在触角中的转录水平显著高于在头和足中的转录水平。因此，我们推测 *NlNan*、*NlIav*、*NcNan* 和 *NcIav* 可能在雄性特有行为中有一定作用。另外，本研究提供的序列信息对农业昆虫 TRPVs 的结构和功能研究奠定了重要基础。

关键词：褐飞虱；黑尾叶蝉；吡蚜酮；双丙环虫酯；TRPVs

---

* 资助项目：浙江省自然科学基金杰出青年项目（LR19C140002）
** 第一作者：毛芬，博士研究生，研究方向为昆虫毒理学；E-mail：maofenmaofen@163.com
*** 通信作者：黄佳；E-mail：huangj@zju.edu.cn
叶恭银；E-mail：chu@zju.edu.cn

饥饿对棉铃虫呼吸代谢和能量代谢的影响*

Effects of Starvation on Respiratory Metabolism and Energy Consumption in *Helicoverpa armigera* (Hübner)

张万娜**，马　龙，江　婷，肖海军***
（江西农业大学昆虫研究所，南昌　330045）

短暂的食物缺乏是昆虫在自然界经常面临的一种现象，为了应对这一困境，昆虫启动一系列的行为和生理的应对措施。行为调控包括了迁徙、同类相食、滞育、提早化蛹、降低产卵量等，而生理调控则包括了降低代谢、生长停滞、抵抗力下降等。棉铃虫 *Helicoverpa armigera*（Hübner）是我国多种农作物上的重大害虫，但是棉铃虫幼虫应对饥饿胁迫的生理调控机制的研究尚不明确。在本研究中，笔者通过 Sable 呼吸测量系统测定了棉铃虫 3 龄幼虫到蛹期的呼吸速率的变化［$\dot{V}_{O_2}$；mL/（g·h）］，结果表明棉铃虫在幼虫蜕皮和化蛹过程中呼吸速率显著上调，而在蛹末期呼吸速率也呈现显著上升趋势。当受到饥饿胁迫时，饥饿幼虫的 O_2 消耗速率［$\dot{V}_{O_2}$；mL/（g·h）］、CO_2 产生速率［$\dot{V}_{CO_2}$；mL/（g·h）］、呼吸熵都显著下降，这表明幼虫饥饿引起了代谢速率下调和代谢底物的改变。通过代谢底物分析发现，饥饿幼虫体内甘油三酯和糖原的含量显著下降，而且血淋巴中海藻糖的水平在饥饿过程也显著下调。进一步通过比较转录组学分析发现，幼虫受到饥饿胁迫 48h 后在能量代谢过程中发生了明显的转录调控，显著的基因上调发生在脂肪酸代谢和糖酵解过程。本研究综合分析了饥饿胁迫下棉铃虫幼虫的呼吸速率和能量代谢变化，有助于阐明饥饿条件下棉铃虫幼虫的生理应对措施。

关键词：饥饿；代谢速率；呼吸熵；呼吸代谢；糖原；海藻糖；甘油三酯；棉铃虫

---

* 资助项目：国家重点研发计划（2017YFD0201900）

** 第一作者：张万娜，助理研究员，主要从事昆虫生殖调控机制的研究；E-mail：hangwanna880210@yeah. net

*** 通信作者：肖海军，教授，主要从事昆虫滞育生物学研究；E-mail：hjxiao@ jxau. edu. cn

基于 SNP 分析的稗草对二氯喹啉酸抗性机制研究[*]

SNP Analysis of Barnyardgrass Transcriptome Response to Quinclorac Resistance

杨　霞[**]，曹晶晶，李永丰，张自常，谷　涛，杨　倩
（江苏省农业科学院植物保护研究所，南京　210014）

稗草作为稻田主要的恶性杂草之一，由于其极强的适应性和竞争性，与水稻植株竞争水、营养、空间和阳光等，严重影响了水稻的生长发育，导致产量损失 21%～79%。二氯喹啉酸属于生长合成素类除草剂，已被广泛运用到稻田中防除稗草 20 余年之久。然而，过度依赖和长期单一使用加速了稗草对二氯喹啉酸的抗药性发展。目前二氯喹啉酸的抗性机制报道主要涉及活性氧、乙烯合成途径和氢氰酸等因子，但是其具体的作用靶标至今仍未明确。本实验室通过抗性筛选试验获得了对二氯喹啉酸具有高抗水平（GR_{50}>6400 g a. i. /hm^2）的孔雀稗种群，从中分离出生态遗传背景相似的敏感性种群（GR_{50}=11. 22 g a. i. /hm^2）。卡方测验结果显示，F_2代抗性和敏感性种群分离比为 3. 35，接近 3∶1 分离比（χ^2= 0. 21，P> 0. 05），表明抗性种群可能由单基因遗传控制。qPCR 结果表明，抗性种群中的乙烯生物合成途径中的关键酶（ACS、ACO 和 β-CAS）的表达水平经二氯喹啉酸处理后并未发生显著变化。生化测定结果发现，抗性种群中的 ACS、ACO 和 β-CAS 的酶活随着二氯喹啉酸处理时间（0、2h、4h、12h 和 24h）的增加变化不显著。以上结果表明，乙烯生物合成途径上游可能存在一个关键的靶标基因发生突变，阻断乙烯生物合成途径在抗性稗草中的传递。基于此假说，分别选取抗性和敏感性种群的 4 个单株进行转录组测序，以稗草基因组为参考基因组进行 SNP 分析，分析已知生长素受体、乙烯生物合成途径相关基因、IAAs、生长素转运体、信号转运蛋白、非靶标抗性基因的 SNP 位点，结果发现 TIR、ABP 家族成员基因在 4 个抗性株系中没有一致的 SNP 位点，获得了 IAAs、CYP72A15、ACS、生长素转运体、MAPKKK 激酶、泛素化蛋白连接酶等有差异 SNP 位点的候选基因共 9 个，下一步将从抗性稗草中克隆这些候选基因，测序鉴定其是否存在位点突变，该结果有望从靶标位点突变上解析稗草对二氯喹磷酸的抗性机制。

关键词：稗草；二氯喹啉酸；靶标抗性；SNP 分析

* 资助项目：国家自然科学基金（31772183）
** 第一作者：杨霞；E-mail：xiayang_ njau@ hotmail. com

基于单宁酸的叶面亲和型纳米载药系统高效沉积调控机制*

The High Foliage Adhesive Mechanism of Nano-drug Delivery System Based on Tannic Acid

余曼丽**，曾章华***
（中国农业科学院植物保护研究所，北京 100193）

我国化学农药过量施用严重，跑冒滴漏是造成过量施用的主要原因之一，引起了环境污染和农产品质量安全等重大问题。叶面的疏水结构导致农药液滴难以附着、浸润在靶标叶片上而滚落脱靶，是造成农药有效利用率极低的一个重要因素。因此，通过改善农药的叶面黏附性，是提高农药有效性与安全性的科学途径。

贻贝类生物分泌的黏附蛋白呈现出对多种表面具有很强的黏附性，其中，含有多酚结构的多巴基团起着重要的黏附作用，但是多巴价格昂贵，难以在农药上大规模应用。与多巴类似多酚结构的单宁酸是一种天然植物多元酚，广泛分布于各类植物的根、茎、叶及果实中，具有价格低廉、生物相容性好等特点，是一种优秀的亲和性物质。

本研究拟利用单宁酸的结构特点，通过与金属离子发生螯合作用，组装成单宁酸薄膜将农药分子包裹起来形成农药微胶囊，增强农药的叶面黏附能力；此外，通过调整单宁酸的浓度，还可以制备不同壳厚的微胶囊，实现农药的智能控制释放、延长持效期。综上所述，利用单宁酸研究叶面亲和型纳米载药系统，对实现我国当前“农药减施增效”的重大战略布局具有重要意义。

关键词：单宁酸；纳米载药系统；叶面亲和调控机制

---

* 资助项目：中国博士后科学基金（2018M630234）
** 第一作者：余曼丽；E-mail：manli881107@163.com
*** 通信作者：曾章华，研究员；E-mail：zengzhanghua@caas.cn

基于线粒体基因数据的巨齿蛉属（广翅目：齿蛉科）分子系统学研究

Molecular Phylogeny of the Genus *Acanthacorydalis* (Megaloptera: Corydalidae) Based on Mitochondrial Data

蒋云岚[1 *]，王一然[1]，林文男[2]，刘星月[1 **]

（1. 中国农业大学植物保护学院昆虫学系，北京 100193；2. *Department of Biology*, *Tokyo Metropolitan University*, *Tokyo* 1920397）

巨齿蛉属 *Acanthacorydalis* van der Weele 隶属于广翅目 Megaloptera 齿蛉科 Corydalidae 齿蛉亚科 Corydalinae。该属成虫体形巨大，上颚雌雄二型；幼虫水生，对水质变化敏感，可用于水质检测，亦有药用和食用价值。巨齿蛉属为亚洲特有属，主要分布于亚洲东南部，目前世界已知 8 种，我国有 6 种。目前巨齿蛉属的种间系统发育和生物地理尚无基于分子数据的研究。本研究在对巨齿蛉属所有物种全面取样的基础上，进行全线粒体基因组或线粒体基因片段（ND2、COI、16S rRNA）测序。共测定 81 个样本的线粒体基因数据，并通过贝叶斯法（Bayesian inference，BI）和最大似然法（Maximum Likelihood，ML）以及邻接法（Neighbor-joining，NJ）构建了巨齿蛉属的种间系统发育树，并结合 jMOTU、ABGD、PTP 和 SpeciesIdentifier 等方法对巨齿蛉属进行分子物种界定。结果显示，位于系统发育树基部的属模巨齿蛉 *Acanthacorydalis asiatica* 中有可能存在隐存新种；基于形态特征鉴定的部分分布于广西、贵州等地的越中巨齿蛉 *Acanthacorydalis fruhstorferi* 为中华巨齿蛉 *Acanthacorydalis sinensis*；分布于我国的云南巨齿蛉 *Acanthacorydalis yunnanensis* 与模式产地位于越南北部的霸王巨齿蛉 *Acanthacorydalis imperatrix* 应为同物异名。此外，分布于大别山地区的单斑巨齿蛉 *Acanthacorydalis unimaculata* 与其他地区的单斑巨齿蛉之间的 COI 组间遗传距离大于 0.02，也可能为隐存新种。

关键词：巨齿蛉属；线粒体；系统发育

* 第一作者：蒋云岚，博士研究生，研究方向为广翅目系统发育与生物地理学研究；E-mail：jiangyl@cau.edu.cn

** 通信作者：刘星月；E-mail：xingyue_liu@yahoo.com

多组学揭示棉铃虫APN蛋白糖基化水平下调与Bt抗性相关*

Decreased Glycosylation of Aminopeptidases N Correlated with Resistance to *Bacillus thuringiensis* Toxin Cry1Ac in *Helicoverpa armigera*

靳明辉[1,2]**，吴孔明[2]***，萧玉涛[1]***

（1. 中国农业科学院农业基因组研究所，生态基因组研究中心，深圳　518000；
2. 中国农业科学院植物保护研究所，植物病虫害生物学国家重点实验室，北京　100193）

苏云金芽孢杆菌（*Bacillus thuringiensis*，Bt）属于革兰氏阳性昆虫致病菌，因其对靶标高效、特异，Bt制剂已成为世界上用量最大的微生物杀虫剂。随着Bt制剂大量的使用和Bt作物的长期种植不可避免地导致田间靶标害虫出现抗性，抗性的出现严重威胁着Bt的使用寿命。而Bt抗性机制的解析对于田间抗性监测、延缓田间靶标害虫Bt抗性演化和保障Bt的可持续应用具有重要意义。棉铃虫（*Helicoverpa armigera*）属鳞翅目夜蛾科，是一种世界性农业害虫。尽管近年来已有许多与棉铃虫Bt抗性相关的基因被报道，但对棉铃虫Bt抗性产生的分子机制的认识仍不全面。本研究采用转录组、蛋白组和糖基化组相结合的手段对抗性倍数超过3 000倍的室内抗性品系BtR的抗性机理进行解析。转录组测序结果显示96S和BtR品系中有1 450个显著差异基因；蛋白组测序分析鉴定到77个差异蛋白，其中BtR品系中钙黏蛋白表达量下调，APN1和APN3蛋白表达上调；蛋白质糖基化组结果显示APN1、APN3、APN4、APN5的糖基化水平在BtR品系中显著下调。笔者推测APN1蛋白表达水平上调与APNs糖基化水平下调有关，以尽可能降低APNs糖基化水平下调引起的适合度代价。另外，凝集素芯片结果显示8种具有*N*-乙酰半乳糖胺识别特性的凝集素与BtR品系的BBMV结合能力下降。上述研究结果表明APN糖基化水平下调可能与Bt抗性产生有关，推测蛋白质翻译后修饰可能在Bt抗性产生中起到重要作用。

关键词：棉铃虫；Bt抗性；APN蛋白；糖基化；Cry1Ac

---

* 资助项目：国家自然科学基金项目（31601646）资助

** 第一作者：靳明辉，博士后，从事害虫Bt抗性治理方向的研究；E-mail：jinminghui722@163.com

*** 通信作者：萧玉涛；E-mail：xiaoyutao@caas.cn

吴孔明；E-mail：wukongming@caas.cn

橘小实蝇感受甲基丁香酚的气味结合蛋白的鉴定*

Identification of the Odorant Binding Proteins Responsible for Methyl Eugenol Perception

陈晓凤，王进军，蒋红波**

（昆虫学及害虫控制工程重庆市重点实验室，西南大学农业科学研究院，
西南大学植物保护学院，重庆　400715）

气味结合蛋白（OBPs）在昆虫嗅觉感知中起着重要作用。橘小实蝇（*Bactrocera dorsalis*）是世界上较具破坏性的食果害虫，给世界果蔬产业造成了巨大的经济损失。甲基丁香酚（ME）是一种对橘小实蝇成熟雄虫具有强有力引诱作用的引诱剂，在世界各地被广泛用于检测、引诱和消灭橘小实蝇种群。然而，关于橘小实蝇感知甲基丁香酚背后的分子机制，目前仍是未知的。在我们的研究中，笔者鉴定了橘小实蝇的气味结合蛋白，将OBPs注释数量扩大到了49个。通过与其他物种的系统发育分析，将OBPs分为了4个亚家族。此外，笔者还对橘小实蝇的不同组织进行了表达谱分析（包括触角、足、翅及头、胸、腹的外表皮，还有马氏管、脂肪体、中肠、精巢、卵巢5种内部组织）。然后，笔者将研究重点集中于在橘小实蝇感受甲基丁香酚中起重要作用的OBPs。笔者采用三重筛选方法进行筛选：甲基丁香酚刺激后OBPs表达模式分析、系统发育分析、模拟分子对接，一共筛选了10个候选OBPs。SDS-Page和Western Blot结果显示，有6个候选OBPs成功异源表达，获得纯化蛋白。其中3个OBPs通过配体结合试验MST显示了与甲基丁香酚具有较高的亲和力。未来笔者将利用CRISPR/Cas9技术敲除关键的OBPs，对突变品系进行行为学测试，进一步验证其功能。综上所述，笔者的研究结果鉴定出更多的橘小实蝇OBPs，并且将有助于阐明橘小实蝇对甲基丁香酚嗅觉感受的分子机制。

关键词：橘小实蝇；气味结合蛋白；甲基丁香酚

---

* 资助项目：国家自然科学基金项目（31772233）

** 通信作者：蒋红波；E-mail：jhb8342@ swu. edu. cn

橘小实蝇为害对橙汁抗氧化活性的影响*

Effect of Oviposition by *Bactrocera dorsalis* on the Antioxidant Activity of Orange Juice

倪美虹**，古开平，齐易香，许益镌***

（华南农业大学昆虫学系，广州 510642）

橙汁是全球最受欢迎、消费量最大的果汁饮料，但是害虫为害橙果后对橙汁的品质影响尚缺少认识。本研究通过接卵处理测定橘小实蝇为害后橙汁的总酚含量、维生素 C 含量和抗氧化能力的变化评价对橙汁抗氧化活性的影响。结果表明：在橙果被接卵 10d 后（去除幼虫）其橙汁维生素 C 浓度变为 18.65 μg/mL，相较健康橙子下降了 9.16μg/mL，总酚含量变为 9.748 mg GAE/g，下降了 46.519mg GAE/g，自由基清除率变为 5.393%，下降了 22.297%，均显著降低。据此，维生素 C、总酚含量和自由基清除率的降低进一步反映了橘小实蝇为害橙子后，通过对橙汁抗氧化活性的影响而改变橙汁的品质。

关键词：橙汁；橘小实蝇为害；分光光度法；DPPH 法；抗氧化活性

---

* 资助项目：国家重点研发专项（2016YC1201200）

** 第一作者：倪美虹；E-mail：ccc1314@vip.126.com

*** 通信作者：许益镌；E-mail：xuyijuan@yahoo.com

鳞翅目昆虫气味受体的功能鉴定进化分析*

Functional Evolution of Odorant Receptors in Lepidopteran Species

郭孟博[1,2]**，杜立啸[1]，陈秋燕[1]，张　进[1]，张夏瑄[1]，
Emmanuelle Jacquin-Joly[3]，刘　杨[1]***，王桂荣[1,2]***
（1. 中国农业科学院植物保护研究所，植物病虫害国家重点实验室，北京　100193；
2. 中国农业科学院农业基因组研究所，深圳　518000；
3. *Sorbonne Université*，*Inra*，*CNRS*，*IRD*，*UPEC*，*Université Paris Diderot*，*Institute of Ecology and Environmental Sciences of Paris*，*Versailles cedex* 78026，*France*）

昆虫通过高度灵敏的嗅觉系统识别环境中的气味线索，来定位寄主植物、寻找配偶或躲避天敌。气味受体（odorant receptors）在昆虫嗅觉识别过程中发挥关键作用。对气味受体的功能进行系统和深入的研究是理解昆虫与周围环境中气味物质间相互作用的必要手段。而目前已报道的研究中，仅对黑腹果蝇（*Drosophila melanogaster*）的气味受体功能进行了全面系统的研究。在本研究中，笔者通过灵活高效的电生理系统对鳞翅目夜蛾科中的重大农业害虫棉铃虫（*Helicoverpa armigera*）的气味受体库进行了高通量筛选。本研究通过上述体外功能验证，共筛选了 44 个气味受体分别对 67 种植物挥发物的电生理反应，最终鉴定出 28 个气味受体对至少一种植物挥发物有强烈反应。进一步分析表明，在较低浓度植物挥发物刺激下，绝大多数气味受体反应谱较为特异，仅对一种或少数同类化合物有强烈反应。同时，棉铃虫气味受体库对多种重要的寄主植物挥发物有灵敏且特异的反应，这些挥发物包括重要的花香挥发物苯乙醛、苯甲醛、苯乙醇等；绿叶气味芳樟醇、香叶醇、乙酸香叶酯等。

分子系统发育分析表明，棉铃虫和另一种夜蛾科物种海灰翅夜蛾（*Spodoptera littoralis*）的气味受体库有较高的同源性。在海灰翅夜蛾已报道功能的气味受体中，笔者在棉铃虫中找到 15 个同源的气味受体，比较了它们分别对相同的 21 种植物挥发物的反应谱，结果表明：虽然这些同源基因在进化上有较近的遗传距离，且氨基酸序列的相似性较高，它们的功能在彼此之间产生了较大程度的分化，其中 12 对同源气味受体的结合谱几

* 资助项目：国家自然科学基金项目（31725023；31621064；31861133019 和 31672095）；法国国家研究总署（ANR-16-CE21-0002-01）

** 第一作者：郭孟博；E-mail：guo_ mb@ 163. com

*** 通信作者：王桂荣；E-mail：wangguirong@ caas. cn

刘杨；E-mail：yangliu@ ippcaas. cn

乎没有任何重叠。另外，还发现3对同源受体的功能高度保守，反应谱几乎完全重叠。它们分布在分子系统发育树不同的分支上，其中HarmOR42及其同源受体均对重要的蜜源指示物和寄主植物挥发物苯乙醛有强烈且特异的反应。

大量研究表明，苯乙醛在田间对棉铃虫及多种夜蛾科昆虫有引诱作用，且多种商业引诱剂均把苯乙醛作为主要组分之一。通过基因敲除，笔者获得了HarmOR42缺失的纯合突变体。并通过进一步的电生理和行为试验确定了该气味受体是棉铃虫感受苯乙醛的关键受体，在棉铃虫寻找蜜源过程中发挥关键作用。综上，笔者的研究为近源物种的气味受体功能的比较研究提供了重要的数据支持，拓展了我们对鳞翅目气味受体功能进化的理解，且为鳞翅目害虫的防控提供了重要的分子靶标。

关键词：气味受体；植物挥发物；功能进化；棉铃虫

罗伯茨绿僵菌关键致病机制和毒力进化机制研究*

Characterization of Key Mechanisms Underlying Infection of Insects by *M. robertsii* and Emergence of Fungal Virulence

方卫国**

（浙江大学紫金港校区生命科学学院，杭州 310058）

罗伯茨绿僵菌是一个植物内生和昆虫病原真菌，它是研究病原真菌致病机理和真菌毒力进化的有用材料。罗伯茨绿僵菌致病昆虫过程分为穿透寄主体壁和定殖血腔两个关键步骤，前者决定能否侵染，后者决定杀虫速度。膜蛋白基因 *Mr-OPY2* 在穿透昆虫体壁时通过选择不同的转录起始位点，合成两个转录本，其中短转录本的主 ORF 被高效翻译，Mr-OPY2 蛋白高水平表达。Mr-OPY2 负调控在穿透体壁时重要作用的转录因子 AFTF1；Fus3-MAPK 通过转录因子 MrSt12 正调控 AFTF1。这一正一负两个调控机制联合作用，AFTF1 得以正常表，保证罗伯茨绿僵菌成功穿透昆虫体壁。在昆虫体壁上，Fus3-MAPK 还磷酸化转录因子 AFTF2，进而提高 AFTF2 和其他基因的表达，以利用体壁上的蛋白质和几丁质等非优质碳氮源；进一步发现 Fus3-MAPK/AFTF2 是控制真菌利用环境碳氮源的新调控机制。在昆虫血腔中，组蛋白乙酰基转移酶 HAT1 的表达水平下降抑制了组蛋白去乙酰基酶 HDAC1 的表达，这导致调控蛋白 COH1 在血腔中表达，而转录因子 COH2 阻遏血腔定殖相关基因的表达，但 COH1 与 COH2 直接互作，消除 COH2 的阻遏作用，保证血腔定殖相关基因的表达。

罗伯茨绿僵菌共有 18 个通过基因水平转移获得的基因（*HGT* 基因）。12 个 *HGT* 基因在穿透昆虫体壁时高水平表达，其中 6 个基因的突变体穿透昆虫体壁的能力下降，2 个脂质运输蛋白基因参与利用体壁上的蜡质，3 个蛋白酶除了自身降解体壁蛋白质之外，还能诱导其他体壁水解酶的表达，从而高效地降解坚固的体壁。除了上述 2 个脂质转运蛋白基因之外，还有 1 个脂质转运蛋白基因，它帮助真菌攫取昆虫的甾醇来保证细胞膜的完整性。这 3 个脂质运输蛋白基因和 1 个蛋白酶基因在不同种绿僵菌中都存在；同时突变这 4 个基因几乎完全消除了罗伯茨绿僵侵染昆虫的能力，表明基因水平转移是绿僵菌进化为昆虫病原菌的必要机制。我们还发现，HGT 基因的获得与否决定绿僵菌的寄主专化性。

关键词：罗伯茨绿僵菌；膜蛋白基因；基因水平转移；毒力进化

---

* 资助项目：国家自然科学基金项目（31471818；31672078；31872021）

** 通信作者：方卫国，教授，主要从事昆虫病原真菌研究；E-mail：wfangl@ zju. edu. cn

氯虫苯甲酰胺和甲维盐对草地贪夜蛾幼虫的毒力及解毒酶活性的影响*

Effect of Chlorantraniliprole and Emamectin Benzoate on Toxicity and Detoxification Enzymes Activity in *Spodoptera frugiperda* Larva

蒋兴川**，沈怿丹**，孙劲超，李秀霞，黄　勇，董永成，操海群***
（安徽农业大学植物保护学院，合肥　230036）

草地贪夜蛾是一种重要的全球性害虫，其食性杂寄主广泛，可取食玉米、水稻、小麦、高粱和甘蔗等多种作物，造成了严重的经济损失。草地贪夜蛾的防治方法主要包括生物防治、化学防治、农业防治、作物抗性利用等，其中化学防治是一种非常有效的方法，目前在该害虫的防治中发挥着重要作用。为了研究氯虫苯甲酰胺和甲氨基阿维菌素苯甲酸盐（甲维盐）对草地贪夜蛾（*Spodoptera frugiperda*）的毒杀作用及解毒机制，采用叶片浸渍法测定了2种杀虫剂对3龄幼虫的LC_{10}、LC_{20}与LC_{50}，并研究这2种农药的亚致死剂量（LC_{20}）对幼虫的羧酸酯酶（CarE）、谷胱甘肽-S-转移酶（GST）、细胞色素P450（CYP450）3种主要解毒酶活性的影响。结果表明：甲维盐对幼虫的毒力更高，48 h时LC_{10}、LC_{20}、LC_{50}分别为0.005 mg/L、0.007 mg/L、0.013 mg/L。2种农药处理72 h内，幼虫的3种酶活力呈现不同的动态变化。氯虫苯甲酰胺对CarE活力表现先诱导后抑制的作用，在24 h时CarE活力最大（36.75 U/mg）；甲维盐对CarE活力表现先抑制后诱导的作用，在72 h时CarE活力最大（42.44 U/mg）。2种农药对GST活性在72 h内的变化一致，均呈现“诱导—抑制—诱导”的规律。氯虫苯甲酰胺处理后CYP450活性与对照相比无显著差异；甲维盐处理36 h、48 h、72 h幼虫体内CYP450活性均显著低于对照。上述研究结果为进一步揭示氯虫苯甲酰胺、甲维盐对草地贪夜蛾的杀虫机理以及该虫对化学农药的抗性机制奠定基础。

关键词：草地贪夜蛾；氯虫苯甲酰胺；甲维盐；毒力测定；解毒酶

---

* 资助项目：国家自然科学基金项目（31801806；31500313；31870640）；国家重点研发计划项目（2017YFD0200902）；安徽省高等学校自然科学研究重点项目（KJ2017A156，KJ2017A868）

** 第一作者：蒋兴川，博士，讲师，主要从事昆虫行为与化学生态研究；E-mail：jxc678@sina.cn
沈怿丹，硕士研究生，主要从事昆虫毒理学研究；E-mail：1558798249@qq.com

*** 通信作者：操海群，教授；E-mail：haiquncao@163.com

拟环纹豹蛛谷胱甘肽转移酶的鉴定与组织表达差异

Identification, Genomic Organization and Expression Pattern of Glutathione Transferase in *Pardosa pseudoannulata*

刘　微，田佳华，张懿熙

（南京农业大学植物保护学院，南京　210095）

拟环纹豹蛛（*Pardosa pseudoannulata*）是农田生态系统中重要的捕食性天敌，在害虫生物防治和生态调控中起着重要的作用。已有报道表明，拟环纹豹蛛对一些杀虫剂的敏感性较低，如有机磷类、氨基甲酸酯类和新烟碱类等。杀虫剂靶标位点差异和解毒代谢能力的差异是导致不同物种对某一种杀虫剂敏感性不同的主要因素。谷胱甘肽转移酶（Glutathione transferase，GST）是生物体内重要的Ⅱ相解毒酶，然而目前关于蜘蛛 GST 的报道较少。因此，鉴定拟环纹豹蛛 *GST* 基因，并对其功能进行研究，明确杀虫剂在害虫和天敌之间的选择性机制，对于保护和合理利用天敌至关重要。通过高通量测序技术获得拟环纹豹蛛转录组及基因组信息，对其中的 *GST* 基因进行鉴定分析。在拟环纹豹蛛中共鉴定出 13 条 *GST* 基因，序列比对和系统进化分析结果显示，拟环纹豹蛛中的 *GST* 被分为 3 个超家族：细胞溶质 GST、线粒体 GST 和微粒体 GST。其中细胞溶质 GST 的数量和种类是最多的，它又被分成 4 个家族：Mu、Delta、Sigma、Theta。相较于昆虫和哺乳动物中的 *GST*，蜘蛛与它们有部分共享的家族，如与哺乳动物共享 Mu 家族，与昆虫共享 Delta 家族。通过对 *GST* 基因进行结构分析，发现 11 个 *GST* 基因分布在 6 个染色体骨架（scaffold）上。线粒体 GST、微粒体 GST 和 Delta 家族的 *GST* 分别串联分布在 scaffold 上，它们具有保守的基因结构，其内含子的位置和类型高度保守。利用荧光定量 PCR 对胞质 GST 在拟环纹豹蛛不同组织中的 mRNA 表达水平进行测定，结果发现 *PpGSTM*1 和 *PpGSTT*1 在脂肪体、消化道、毒腺、脑、触肢和足等 6 个组织中均有表达。*PpGSTD*2、*PpGSTD*3、*PpGSTD*4、*PpGSTM*2 和 *PpGSTS*2 主要在消化道和脂肪体中表达，但其表达量存在一定的差异。其中，*PpGSTM*2 和 *PpGSTS*2 在脂肪体中表达量较高，*PpGSTD*2 和 *PpGSTD*4 在消化道中表达量较高，*PpGSTD*3 在这 2 个组织中的表达量没有差异。以吡虫啉处理拟环纹豹蛛 48 h 后，检测其胞质 GST 的 mRNA 表达水平发现，与对照相比 *PpGSTD*3 和 *PpGSTT*1 的表达量显著上调，推测其可能参与吡虫啉的代谢。该研究丰富了天敌生物蜘蛛的 *GST* 基因信息，有助于理解 *GST* 在拟环纹豹蛛中的功能，为进一步研究杀虫剂在害虫和天敌之间的选择性机制奠定基础。

关键词：拟环纹豹蛛；谷胱甘肽转移酶；基因结构；组织表达谱

逆转病害细菌耐药性的新机制*

A Novel Mechanism to Reverse the Drug Resistance of Pathogenic Bacteria

张静静**，冯　涛，王　岩***

（中国海洋大学海洋生命学院，青岛　266003）

随着抗生素的广泛使用，目前在农业等各种环境中已经出现了较多耐药细菌，给环境保护和人类健康带来了严重的威胁。吲哚是一种广泛存在的群体感应信号分子，参与细菌间多种生理行为的调控，如抗生素抗性、生物膜的产生和细菌运动性等。由信号分子介导的细菌耐药性是近年来受到较多关注的一种新兴机制。吲哚作为种间信号分子，过去的研究证明可以增强细菌的抗生素耐药性。然而，吲哚是否能够抑制细菌抗生素耐药性在很大程度上是未知的。前期研究中，我们以一种海洋来源的产酶溶杆菌作为研究材料，首次发现吲哚可以逆转产酶溶杆菌耐药性（*Applied and Environmental Microbiology*，2017）。在本研究中，研究人员首次报道了吲哚介导的溶杆菌属固有抗生素耐药性逆转的现象。这种逆转现象与一种新型 BtuD 双功能转运蛋白紧密相关，其既可以转运维生素 B12 又可以转运抗生素。吲哚刺激 *btuD* 基因过表达，促进细菌对于细胞外维生素 B12 的高效吸收，但同时导致细胞过量摄取抗生素，造成细胞死亡。研究人员进一步研究发现，吲哚能够抑制多种不同种属细菌的固有抗生素耐药性，包括农业上常见的病害菌黄色单胞菌等。因此这一现象是普遍存在的，具有普适性。有趣的是，吲哚逆转产酶溶杆菌属抗生素耐药性现象可以被另外一种群体感应信号因子 *Le*DSF 恢复，具有明显的群体依赖效应。本研究深入揭示了信号分子对细菌抗生素耐药性的动态调控，为消除耐药细菌提供了新的思路。

关键词：吲哚；逆转；产酶溶杆菌；细菌耐药性

---

* 资助项目：国家自然科学基金项目（31870023）；中国科协青年人才托举工程（YESS20160009）

** 第一作者：张静静，硕士研究生，主要从事微生物群体行为及新型群体感应淬灭酶的研究；E-mail：jingjingzhangnn@163.com

*** 通信作者：王岩，教授，博士生导师，主要从事微生物群体行为及逆转耐药机制研究；E-mail：wangy12@ouc.edu.cn

普通齿蛉（*Neoneuromus ignobilis*）基因组水平微卫星标记的严格筛选与开发

Stringent Development and Selection of Novel Microsatellite Markers for the Dobsonfly *Neoneuromus ignobilis* (Megaloptera: Corydalidae) at Genome-scale Level

林爱丽[1] *，魏书军[2]，曹利军[2]，刘星月[1] **
（1. 中国农业大学昆虫系，北京 100193；
2. 北京市农林科学院植物保护环境保护研究所，北京 100097）

广翅目是水生昆虫的主要类群之一，幼虫通常生活在干净的淡水中。普通齿蛉（*Neoneuromus ignobilis*）是东亚及东南亚特有且分布广泛的大型广翅目物种，在淡水生物监测中具有重要意义。微卫星标记由于其自身扩增简单、多态信息含量高、在基因组中分布广泛等优势广泛应用于种群遗传学研究。目前，有关广翅目微卫星标记的开发尚未见研究报道。本研究基于二代测序获得 80G 普通齿蛉基因组数据，经组装获得 450 474 条 contigs，N50 为 2 280 bp。在基因组中共挑选了 850 920 个候选微卫星标记，其中二核苷酸重复序列数量最多，占 87.65%；比较丰富的重复单元包括：（A）n、（T）n、（AT）n、（AC）n、（GT）n、（AG）n、（CT）n、（ACAT）n 和（ATGT）n，占重复单元总数量的 95.43%。通过扩增成功率、峰的强度、位点多态性及等位基因数量等因素的严格标准筛选开发了 27 个微卫星标记。在普通齿蛉基因组中，微卫星标记平均检出频率为 1 107.98 loci/Mb。27 个微卫星标记的等位基因数是 3~12，平均每位点 6.19 个。多态信息含量（PIC）范围在 0.000~0.799，平均值为 0.465，观测杂合度（H_O）和预测杂合度（H_E）分别是 0.000~0.947 和 0.000~0.842。本研究首次利用 27 个微卫星标记，根据不同的筛选标准构建了 3 组微卫星标记组（MP 组，高多态性；SS 组，非常严格筛选策略；ALL 组，全部 27 个微卫星标记），并比较分析了这 3 组微卫星标记的普通齿蛉种群遗传多样性和种群遗传结构，这也是首次基于微卫星标记对广翅目进行种群遗传研究。结果表明，MP 组明显提高了个体分配分析和遗传多样性分析。因此，提供提倡挑选高多态性微卫星标记来进行种群遗传分析。

关键词：普通齿蛉；微卫星开发；二代测序；种群遗传

---

* 第一作者：林爱丽，博士研究生，研究方向为广翅目广布种的种群遗传分化研究；E-mail：B20183190884@ cau. edu. cn

** 通信作者：刘星月，教授；E-mail：xingyue_ liu@ yahoo. com

噻虫啉在水和土壤中的降解研究进展*

Degradation and Pathway of Thiacloprid in Water and Soil

陈凯颖**，董丰收，徐　军，吴小虎，郑永权，刘新刚***
（中国农业科学院植物保护研究所，植物病虫害生物学国家重点实验室，北京　100193）

进入环境中的农药会受到化学和生物因素的影响，最终降解为各种新的产物，给农业环境安全带来威胁。研究农药在环境中的降解规律和降解产物，对于农药的合理科学使用和环境风险准确评价具有重要意义。以噻虫啉为研究对象，运用超高效液相色谱串联飞行时间质谱，明确了噻虫啉在环境中的降解特性及其降解产物的鉴定。主要结果如下：

建立了土壤和不同水溶液中噻虫啉的残留分析检测方法。采用体积比1%甲酸乙腈作为水溶液中和土壤中噻虫啉的提取溶剂，以PSA作为净化剂，UHPLC-QTOF/MS检测。噻虫啉在0.01～10 mg/L浓度范围内呈现出良好的线性关系，回归方程为$y=50\ 836x+9\ 923.4$（$R^2=0.999$）。在0.01 mg/kg、0.1 mg/kg、1.0 mg/kg和10.0 mg/kg四个添加水平下，土壤基质中的平均回收率为79.6%～101.2%，变异系数为2.0%～4.9%；在水溶液中的回收率为87.1%～113.3%，变异系数为0.1%～7.8%，满足农药残留检测的要求。

噻虫啉好氧条件下的半衰期分别为：东北黑土24.0 d，河北潮土11.0 d，湖南红土9.3 d。在厌氧条件下东北黑土中噻虫啉稳定，96d的降解率为19.5%；河北潮土39.6 d；湖南红土96.1d。噻虫啉在好氧条件下的土壤里降解速率快于其在厌氧条件下的降解速率。土壤微生物种类以及数量、土壤有机质的含量在很大程度上影响噻虫啉的土壤降解。在25℃下，噻虫啉在pH值=4、pH值=7、pH值=9的缓冲溶液中水解存在较小差异，半衰期分别为138.6d、173.25d、173.25d。在超纯水中，培养124 d后降解率仅为24.6%。处理温度为25℃，噻虫啉在pH值=7光解半衰期为11.95 h，pH值=9条件下11.75h，超纯水中11.95 h。但在pH值=4的缓冲溶液中，168h时降解率仅为33.4%。

采用UHPLC-QTOF/MS检测噻虫啉的代谢物，Masslynx采集数据，运用UNIFI软件解析质谱数据并做代谢物分析与鉴定。共鉴定出噻虫啉在环境中的样品共有6中，分别为M271、M287、M269、M295、M279、M267。研究发现噻虫啉在环境中主要发生氧化反应、还原反应、水解反应和氧化脱氯反应。

关键词：噻虫啉；环境行为；降解产物鉴定；飞行时间质谱；UNIFI

---

*　资助项目：两种新烟碱类杀虫剂在环境中的降解行为及其产物的毒理效应（31672062）

**　第一作者：陈凯颖，博士研究生；E-mail：kchen23@ncsu.edu

***　通信作者：刘新刚，研究员；E-mail：xgliu@ippcaas.cn

生物被膜基因通过复杂的通路调控苏云金芽孢杆菌的生物被膜形成和抗紫外线能力*

Biofilm Genes Regulate Biofilm Formation and UV Resistance of *Bacillus thuringiensis* through Complex Pathways

马胜龙**，姚俊敏，黄天培***，关　雄

（福建农林大学生命科学学院 & 植物保护学院 & 闽台作物生态害虫防治国家重点实验室 & 生物农药与化学生物学教育部重点实验室，福州 350002）

苏云金芽孢杆菌（*Bacillus thuringiensis*，Bt）已成为世界上使用最广泛、最成功的微生物杀虫剂之一。然而，Bt 及其喷洒在作物上的杀虫晶体蛋白在阳光照射下的持效时间较短。这严重阻碍了 Bt 的长效利用。与自由生活状态相比，细菌在生物被膜状态下具有更高的抗紫外线能力、更好的环境适应能力和更强的耐药性。因此，细菌生物被膜可能有助于提高 Bt 的抗紫外线能力，并延长 Bt 田间持效期。通过生物信息学、基因敲除、细菌生物被膜相关表型和比较蛋白质基因组学，笔者阐明了一些影响生物被膜形成和抗紫外线的 Bt 新型生物被膜调节基因的功能。我们的研究阐明了生物被膜基因诱导的细菌生物被膜的表型变化，并通过比较组学揭示了它们的作用模式，明确了生物被膜基因通过复杂的通路调控 Bt 的生物被膜形成和抗紫外线能力。笔者构建的 Bt 生物被膜调控网络为构建高抗紫外线的 Bt 工程生物被膜奠定了基础。

关键词：苏云金芽孢杆菌；生物被膜；抗紫外线；代谢通路

---

* 资助项目：国家重点研发计划（2017YFD0200400）；国家自然科学基金项目（31672084）

** 第一作者：马胜龙，硕士，研究方向为微生物防治；E-mail：1213834443@ qq. com

*** 通信作者：黄天培；E-mail：tianpeihuang@ 126. com

生物钟基因 *Timeless* 在棉铃虫幼虫中的功能分析*

Functional Analysis of the Circadian Clock Gene *Timeless* in Larvae of *Helicoverpa armigera*

刘孝明**，刘小侠***

（中国农业大学植保学院昆虫系，北京　100193）

生物钟基因不仅可以调控昆虫的昼夜节律，同时也参与调控昆虫的生长发育。为了探索生物钟基因在棉铃虫幼虫中的作用，笔者研究了棉铃虫 *Timeless* 基因（*HaTimeless*）在幼虫中的表达模式与功能。*HaTimeless* 主要在幼虫蜕皮期和变态期高峰度表达，幼虫的组织特异性表达分析结果显示 *HaTimeless* 主要在脑部、表皮、精巢、马氏管中高表达。在幼虫 4 龄期 RNAi 下调 *HaTimless* 基因抑制了棉铃虫的蜕皮以及个体发育。作为核心生物钟基因，*HaTimeless* 在幼虫头部的表达呈现昼低夜高的 24 h 周期性表达，与棉铃虫幼虫的昼伏夜出的活动节律一致，通过持续光照和持续黑暗处理后，*HaTimeless* 表达的昼夜节律性消失，同时棉铃虫幼虫的活动节律发生紊乱。本研究结果表明 *HaTimeless* 是参与调控棉铃虫的蜕皮发育和节律行为的重要基因。

关键词：生物钟基因；时空表达；RNAi；荧光定量 PCR

* 资助项目：国家自然科学基金项目（31572018）

** 第一作者：刘孝明，博士后，从事病毒微生物调控昆虫行为变化方向的研究；E-mail：liuxiaoming0318@126.com

*** 通信作者：刘小侠，教授；E-mail：liuxiaoxia611@cau.edu.cn

引起山西省玉米纹枯病的丝核菌融合群鉴定及致病性*

Anastomosis Groups and Pathogenicity of *Rhizoctonia* Isolates Causing Maize Sheath Blight in Shanxi, China

史晓晶[1,2,3]**，侯羽柔[3]，梁芷健[3]，吴学宏[3]***，梁志宏[1]***

（1. 中国农业大学食品科学与营养工程学院，北京 100083；

2. 忻州师范学院生物系，忻州 034000；

3. 中国农业大学植物保护学院，北京 100193）

玉米作为重要的谷物之一，其在山西省作物播种总面积的比例居于首位，据统计2017年约占所有作物播种面积的42.4%。玉米纹枯病是玉米产区广泛发生、为害非常严重的世界性病害，严重影响玉米的产量和品质，它由丝核菌 *Rhizoctonia* spp. 侵染所致；已有的报道表明，引起不同地域玉米纹枯病的丝核菌种类和比例存在一定的差异。而关于引起山西省玉米纹枯病的丝核菌种群结构还未见相关的研究报道。本研究于2017—2018年，从山西省各个县市区采集具有玉米纹枯病典型症状的玉米叶鞘，分离得到147株丝核菌。根据形态学特征和rDNA-ITS序列比对分析，76株菌（51.7%）为立枯丝核菌（*Rhizoctonia solani*）AG-5，38株菌（25.8%）为玉蜀黍丝核菌（*R. zeae*，WAG-Z），20株菌（13.6%）为立枯丝核菌（*R. solani*）AG-1-IA，5株菌（3.4%）为立枯丝核菌（*R. solani*）AG-1-IB，4株菌（2.7%）为立枯丝核菌（*R. solani*）AG-4-HGIII，2株菌（1.4%）为立枯丝核菌（*R. solani*）AG-4-HGI，2株菌（1.4%）为双核丝核菌（binucleate *Rhizoctonia*）AG-K；其中立枯丝核菌（*R. solani*）AG-5为引起山西省玉米纹枯病的主要融合群。致病性试验结果表明这些菌株可以在玉米的地下茎上引起纹枯病的症状，其发病率和病情指数分别为45.16%~93.33%和15.32~55.00。这是首次围绕引起山西省玉米纹枯病的丝核菌种群结构进行较为系统的研究；研究结果将为制定防治山西省玉米纹枯病的策略提供理论参考，且需要将立枯丝核菌（*R. solani*）AG-5作为主要的靶标对象进行选择合适的杀菌剂。

关键词：玉米纹枯病；丝核菌；融合群；rDNA-ITS；致病性

---

* 资助项目：山西省高等学校科技创新项目（2019L0832）；忻州市科技计划项目（20180104）

** 第一作者：史晓晶，副教授，博士研究生，研究方向为植物病原真菌；E-mail：xzsysxj@sina.com

*** 通信作者：吴学宏；E-mail：wuxuehong@cau.edu.cn

梁志宏；E-mail：lzh105@cau.edu.cn

膜饲喂法与显微注射法对烟粉虱进行基因沉默的效果比较

Effects of Gene Silencing in Whitefly Following dsRNA Feeding or Micro-injection

赵　静*，梁　燕，王晓伟**

（浙江大学昆虫科学研究所，农业部作物病虫分子生物学重点开放实验室，杭州　310058）

烟粉虱是一种在世界范围造成大面积危害的农业害虫，对包括烟草、番茄、棉花、木薯在内的多种经济作物的生长造成严重威胁，为害方式包括直接取食造成植物生理衰弱、分泌蜜露诱发植物煤污病、分泌唾液引起植物生理异常、传播病毒导致植物减产甚至绝产。其中，烟粉虱传播植物病毒造成的危害最为严重，极大地制约了农业经济的可持续发展。建立对烟粉虱行之有效的基因沉默（RNAi）体系有助于解析烟粉虱相关基因的功能。本研究以烟粉虱中与胞吞作用相关的 *CHC*（clathrin heavy chains）基因作为干扰对象，通过膜饲喂和显微注射 ds*CHC* 的方法对羽化 3d 内的烟粉虱实施 RNAi，并以 ds*GFP* 作为阴性对照，用作实验的 dsRNA 工作浓度均为 0.3 μg/μL。膜饲喂 dsRNA 的时间为 48 h，显微注射 dsRNA 后将烟粉虱放在棉花叶片上恢复 48h，随后，不同的处理均收集 20 头烟粉虱为一个重复，共设置 4~6 个生物学重复用作 RNA 提取及 cDNA 的合成。通过定量 PCR 检测发现，采用膜饲喂的方法，*CHC* 基因的沉默效率为 39.1%，采用显微注射法 *CHC* 基因的沉默效率则可达到 83.4%，显微注射法的沉默效率远高于膜饲喂的方法（独立样本 *t* 检验，* $P<0.05$）。进一步地，显微注释浓度为 0.3 μg/μL 的 dsRNA 后，分别在 24 h、72 h、120 h 进行基因沉默效率检测，发现 24 h 的沉默效率最高，达到 75.9%，72 h 和 120 h 的干扰效率有所降低，但干扰效果依然非常显著，分别为 71.5%和 66.8%，说明在进行基因沉默后的 120 h 内均可以保持良好的干扰效果。与此同时，笔者发现将 ds*CHC* 的工作浓度提高到 0.5μg/μL、1μg/μL、2μg/μL、3 μg/μL 后对基因的沉默效率不会产生大的差异，均保持在 80%~90%，可以达到很好的干扰效果。综合上述实验结果，笔者推断烟粉虱通过膜饲喂法取食的 dsRNA 首先进入其肠腔内，随后被中肠上皮细胞吸收，在这个过程中，dsRNA 可能会被肠道内的核酸酶降解，造成沉默效率较差；显微注射法则是将 dsRNA 直接注射到烟粉虱的血腔内，从而有助于提高 dsRNA 对靶标基因的作用效果，可以作为一个高效稳定的 RNAi 技术用于烟粉虱基因功能的研究。但是，相比膜饲喂法，显微注射的方法对烟粉虱造成伤害比较大，注射后的烟粉虱死亡率较高，当实验对样品需求量较大时，可考虑使用膜饲喂的方法。

关键词：烟粉虱；RNAi；膜饲喂法；显微注射法；沉默效果

---

* 第一作者：赵静，博士生，从事烟粉虱与双生病毒互作机制方向的研究；E-mail：swuzhj19940215@163.com

** 通信作者：王晓伟

甜菜夜蛾和甘蓝夜蛾幼虫肠道共生细菌多样性及群落结构*

Bacterial Diversity and Community Structure in the Intestine of *Spodoptera exigua* and *Mamestra brassicae*

王明明**，韩　蕾，陈　晨，王思琦，王兴亚***

（沈阳农业大学植物保护学院，沈阳　110866）

为明确不同龄期甜菜夜蛾（*Spodoptera exigua*）肠道细菌多样性及群落结构，比较同种寄主上不同龄期甜菜夜蛾和高龄甘蓝夜蛾（*Mamestra brassicae*）幼虫肠道细菌多样性及群落结构差异性。本研究利用 Illumina MiSeq 技术对两种夜蛾科害虫幼虫肠道细菌的 16S rDNA 的 V3-V4 变异区序列进行高通量测序，应用 USEARCH 和 QIIME 软件统计和分析样品序列数和操作分类单元（OTU）数量，分析肠道细菌的组成、丰度及多样性。

研究结果表明，不同龄期甜菜夜蛾以及甘蓝夜蛾高龄幼虫肠道共注释到 33 个门，67 个纲，157 个目，266 个科，507 个属，648 个种。各龄期甜菜夜蛾及甘蓝夜蛾幼虫的优势菌门为厚壁菌门（Firmicutes）和变形杆菌门（Proteobacteria），优势菌属均为芽孢杆菌属（*Bacillus*）和乳球菌属（*Lactococcus*），次优势菌属为肉杆菌属（*Carnobacterium*）和链球菌属（*Streptococcus*）；甜菜夜蛾成虫优势菌门为变形杆菌门（Proteobacteria）厚壁菌门（Firmicutes），优势菌属为沙雷氏菌属（*Serratia*）、泛菌属（*Pantoea*）、肠杆菌属（*Enterobacter*）及乳球菌属（*Lactococcus*）。另外，相同寄主上各龄期甜菜夜蛾幼虫的肠道细菌多样性比较丰富，且其肠道细菌群落组成与结构相似；甜菜夜蛾各龄幼虫与成虫肠道内细菌群落结构与组成差异较大；相同寄主上甜菜夜蛾和甘蓝夜蛾幼虫肠道细菌组成与结构相似。本研究结果为进一步研究夜蛾科害虫肠道微生物的功能及其在防治中的应用提供了理论基础。

关键词：夜蛾科害虫；肠道细菌；多样性；群落结构；16S rRNA

---

* 资助项目：国家自然科学基金项目（31871950）；国家重点研发计划项目（2018YFD0200200）

** 第一作者：王明明，硕士研究生，研究方向为昆虫生态；E-mail：2210738589@qq.com

*** 通信作者：王兴亚；E-mail：wangxingya20081@163.com

土壤和水环境中氯噻啉的降解行为和降解产物研究[*]

The Degradation Behaviors and Products of Imidaclothiz in Soil and Water

马　畅[**]，刘新刚[***]

（中国农业科学院植物保护研究所，植物病虫害生物学国家重点实验室，北京　100193）

氯噻啉是我国自主研发的第四代新烟碱类杀虫剂，作用于昆虫的乙酰胆碱酯酶受体（AChRs），对于十字花科蔬菜蚜虫、柑橘蚜虫、白粉虱、稻飞虱、茶树叶蝉等害虫具有良好的防治效果。已有研究表明，多种新烟碱类杀虫剂的自然降解过程能够产生环境风险较高的高毒降解产物，如吡虫啉的代谢物烯式吡虫啉及噻虫嗪的降解产物去甲基噻虫嗪和噻虫胺。然而，氯噻啉的化学结构保留了新烟碱类杀虫剂的共有特征，其降解代谢过程和降解产物的毒性可能与其他新烟碱类杀虫剂存在相似性。因此，对氯噻啉的降解过程及降解产物的研究对于科学合理地评估氯噻啉的生态环境风险至关重要。

通过可控的室内试验模拟氯噻啉在自然环境中的光解、水解和土壤降解过程，明确了厌氧的碱性土壤和高温的碱性溶液更有利于氯噻啉的降解反应的发生；利用超高效液相色谱串联飞行时间质谱（UHPLC-QTOF/MS）的高分辨率、高灵敏度和精确质量测量特性，结合 UNIFI 软件的代谢物解析功能，对氯噻啉的光解、水解和土壤降解产物进行解析和鉴定，共得到不同相对分子量的氯噻啉的降解产物 10 种（M149、M182、M183、M196、M196B、M198、M216、M217、M241 和 M243），并使用标准品比对其中 2 个降解产物（M183 和 M217）的保留时间和二级质谱图进行了验证；基于量子化学中的密度泛函理论（DFT），使用 Gaussian 16 在 B3LYP/6-31 g（d）的计算水平上对反应物、过渡态、中间体和产物进行了结构全优化、频率计算、过渡态寻找、内禀反应坐标（IRC）验证、零点能校正和反应的活化能计算，从微观层面解释了氯噻啉的部分降解反应发生过程；通过试验测定了氯噻啉对大型溞和蜜蜂的急性毒性，表明氯噻啉对大型溞的低毒（48h EC_{50}为 12.798 mg a. i. /L），对蜜蜂高毒（48h LD_{50}为 0.835 μg a. i. /蜂）；使用大型溞的急性毒性实测值验证了欧盟通用的 ECOSAR 化合物毒性预测模型对氯噻啉体系的有效性，并将 ECOSAR 模型应用于对氯噻啉及其降解产物对水生生物的急性毒性和慢性毒性预测，找出氯噻啉的高毒降解产物为 M182、M196B、M198、M241 和 M243。上述研究结果为氯噻啉的环境风险评估提供了依据，也为化合物的降解研究提供了一种简单有效的途径。

关键词：氯噻啉；环境行为；降解产物鉴定；量子化学；生态毒性

---

* 资助项目：国家自然科学面上基金项目（31672062）

** 第一作者：马畅，硕士研究生，研究方向为农药残留分析与环境行为；E-mail：changm0920@163. com

*** 通信作者：刘新刚；E-mail：liuxingang@163. com

异沙叶蝉肌动蛋白解聚因子在传播 WDV 过程的功能研究*

Functional Study of ADF Involved in the Transmission of Wheat Dwarf Virus by *Psammotettix alienus*

王 惠**，刘 艳，王锡锋***

（中国农业科学院植物保护研究所，农业部作物有害生物综合治理重点实验室，北京 100193）

小麦矮缩病毒（Wheat dwarf virus，WDV）是双生病毒科玉米线条病毒属成员，引起的小麦矮缩病是世界上重要病毒病害之一。在自然条件下 WDV 主要由异沙叶蝉以持久循回方式传播，介体昆虫带毒率和传播效率与病害流行密切相关，因此传毒机制研究对理解小麦矮缩病的流行规律具有重要意义。本研究首先利用 Pull-down 技术筛选与 WDV CP 互作的异沙叶蝉蛋白，通过质谱鉴定得到了 99 个介体蛋白质。生物信息学分析表明，这些互作蛋白主要参与内吞途径，细胞骨架调控和代谢等途径等。进一步对肌动蛋白解聚因子进行了传毒功能研究。肌动蛋白解聚因子（actin depolymerizing factor，ADF/cofilin）编码区全长为 447 bp，编码 148 个氨基酸。酵母双杂交和 Pull-down 均证实 ADF 与 WDV-CP 存在互作，而且 ADF 与 CP 在 Sf9 细胞内共定位。RNAi 抑制 ADF 表达后，异沙叶蝉体内的病毒含量下降，表明 ADF 参与了介体昆虫的获毒过程。有趣的是 CP 和 ADF 的互作抑制了 ADF 的肌动蛋白解聚功能。推测 ADF 在传毒过程中具有多种功能，一方面 ADF 通过调节 Actin 细胞骨架有助于病毒的侵入，另一方面病毒影响 ADF 功能进而达到对病毒、昆虫介体、寄主植物三者最有利的结果。

关键词：小麦矮缩病毒；异沙叶蝉；肌动蛋白解聚因子；pull-down；RNAi

---

* 资助项目：国际（地区）合作与交流项目（31861133020）；博士后创新人才项目（BX20190377）

** 第一作者：王惠，博士研究生，研究方向为分子植物病理学；E-mail：whsmilewh@ 163. com

*** 通信作者：王锡锋；E-mail：xfwang@ ippcaas. cn

红铃虫钙黏蛋白 CR5 区域缺失介导的对 Cry1Ac 毒素抗性*

Resistance to Cry1Ac Toxin Mediated by Deletion of Cadherin CR5 Domain in Pink Bollworm

王　玲[1,2]**，马跃敏[3]，万　鹏[1]，刘凯于[3]，许　敏[1]，丛胜波[1]，王金涛[1]，
萧玉涛[4]，许　冬[1]，李显春[5]，Bruce E. Tabashnik[5]，吴孔明[2]***
（1. 湖北省农业科学院植保土肥研究所，农业部华中作物有害生物综合治理重点实验室，
农作物病虫草害防控湖北省重点实验室，武汉　430064；2. 中国农业科学院植物保护研究所，
植物病虫害生物学国家重点实验室，北京　100193；3. 华中师范大学生命科学学院，
武汉　430079；4. 中国农业科学院深圳农业基因组研究所，深圳　518120；
5. 美国亚利桑那大学昆虫学系，AZ 85721）

红铃虫是一种世界性的重要棉花害虫，虽然转 Bt 棉花的种植有效地控制了红铃虫种群，但印巴等地已监测到红铃虫对 Bt 棉产生抗性，我国长江流域红铃虫种群中也检测到有抗性突变基因的存在，其抗性问题严重威胁着 Bt 棉的持续使用。因此，开展红铃虫对 Bt 棉花抗性机理的研究，对发展红铃虫抗性监测技术、制定合理的抗性治理策略至关重要。我们从长江流域棉田筛选获得一个新的红铃虫 Cry1Ac 抗性品系 AQ189，该品系携带一种新的钙黏蛋白突变等位基因（*r*14）。通过基因克隆与测序，明确了该等位基因的突变位点；利用生物测定，分析了 AQ189 品系（基因型 *r*14*r*14）对 Cry1Ac 的抗性倍数以及对 Cry2Ab 的交互抗性；并通过昆虫细胞系转染、荧光定量 qRT-PCR 与 Western Blot 等技术，明确了 AQ189 品系对 Cry1Ac 蛋白的抗性分子机制。结果表明，钙黏蛋白等位基因 *r*14 在第 12 个外显子区域插入了一个 234 bp 的片段，突变的钙黏蛋白基因产生一种缺失 108 bp 的转录本，导致编码的钙黏蛋白 CR5 区域缺失 36 个氨基酸残基。AQ189 品系相对于室内敏感品系，对 Cry1Ac 原毒素具有 237 倍的抗性，但对 Cry2Ab 仅有 1. 82 倍的弱交互抗性，其抗性遗传为常染色体隐性遗传。昆虫细胞系表达与定位表明，表达 *r*14 等位基因的 Hi5 转染细胞，产生的突变型钙黏蛋白不能像野生型钙黏蛋白一样定位到细胞膜，而是定位错误到囊泡。中肠组织石蜡切片与免疫荧光检测表明，敏感幼虫的钙黏蛋白主要位于刷状缘膜囊泡（BBMV）上，而抗性幼虫的 BBMV 上检测不到钙黏蛋白，进一步证明突

* 资助项目：转基因生物新品种培育重大专项（2016ZX08012-004）
** 第一作者：王玲，在站博士后，研究方向为害虫抗性治理；E-mail：wanglin20504@ 163. com
*** 通信作者：吴孔明；E-mail：kmwu@ ippcaas. cn

变型钙黏蛋白在中肠组织同样发生了错误定位。此外，与敏感品系相比，AQ189 抗性品系中肠组织钙黏蛋白的 mRNA 表达水平没有显著变化，蛋白水平却明显下降，表明错误定位的突变型钙黏蛋白很可能产生了降解。该研究进一步深化了红铃虫对 Bt 抗性分子机制的认识，为拓展长江流域棉区红铃虫对 Bt 的抗性等位基因监测范围与制定合理的抗性治理策略提供了理论依据。

关键词：红铃虫；Cry1Ac 抗性；钙黏蛋白；错误定位；蛋白降解

网格蛋白介导的内吞作用参与豌豆蚜细胞摄取 dsRNA[*]

The Involvement of Clathrin-endocytosis in Cellular dsRNA Uptake in Aphids

叶　超[**]，牛金志，王进军[***]
（西南大学植物保护学院，昆虫学及害虫控制工程重庆市市级重点实验室，重庆　400716）

RNAi 不仅是研究真核生物基因功能的重要工具，也可作为害虫绿色防控潜力策略。然而，对于重要的刺吸式农业害虫——蚜虫，其细胞摄取 dsRNA 的机制尚未明晰。本研究以蚜虫中的模式生物豌豆蚜为研究对象，基于生物信息学鉴定得到 2 个网格蛋白介导的内吞作用关键基因：网格蛋白重链（*Clathrin heavy chain*，*Apchc*）和液泡 H^+ ATP 酶 16 ku（*Vacuolar* H^+ *ATPase* 16ku，*Apvha*16）。时空表达分析表明：*Apchc* 和 *Apvha*16 在蚜虫不同发育阶段均稳定表达，在不同组织中均有表达，其中 *Apvha*16 在肠道组织中显著高表达（$P<0.05$）。接着，利用外源 dsRNA 处理蚜虫，在蚜虫的不同组织水平检测 *Apchc* 和 *Apvha*16 的诱导活性。结果显示：经 1200 ng ds*GFP* 处理 3 h，*Apchc* 和 *Apvha*16 的 mRNA 水平表达量在表皮组织中均显著上调（$P<0.05$），其中 *Apvha*16 同时在肠道组织中显著上调（$P<0.05$）。随后，以 *Aphb* 为指示基因，基于“RNAi of RNAi”报告系统明确 *Apchc* 和 *Apvha*16 对指示基因 RNAi 效率的影响。结果表明：分别抑制 *Apchc* 和 *Apvha*16 的 mRNA 水平表达时，均可显著降低指示基因 *Aphb* 的沉默效率（$P<0.05$），证明网格蛋白介导的内吞作用可能参与豌豆蚜细胞对外源 dsRNA 的摄取。最后，利用网格蛋白介导的内吞作用特异性抑制剂进一步验证这一结果。研究表明，当利用 *Apchc* 的特异性抑制剂——氯丙嗪（Chloropromazine，CPZ）处理蚜虫时，会导致蚜虫剧烈的致死效应；与此相反，当利用 *Apvha*16 的特异性抑制剂——巴弗洛霉素 A1（Bafilomycin A1，BafA）处理蚜虫时，能够在避免蚜虫致死效应的同时显著抑制指示基因 *Aphb* 的沉默效率（$P<0.05$）。以上结果表明，网格蛋白介导的内吞作用参与了豌豆蚜细胞对外源 dsRNA 的摄取。

关键词：豌豆蚜；RNAi；dsRNA 摄取；网格蛋白

---

* 资助项目：国家重点研发计划子课题（2017YFD0200900）

** 第一作者：叶超，博士后，研究方向为昆虫分子生态学
*** 通信作者：王进军；E-mail：wangjinjun@ swu. edu. cn

多菌灵、噁霉灵与炭黑曲霉混合污染时农药及OTA 在葡萄酒酿造过程中的消长变化规律研究*

The Fates of Carbendazim, Hymexazol, and Ochratoxin A, and the Effects of Added Carbendazim and Hymexazol on Ochratoxin A Contamination during Vinification

尉冬梅**，吴小虎，徐 军，董丰收，刘新刚，郑永权***
（农业部农产品质量安全生物性危害因子风险评估实验室，
中国农业科学院植物保护研究所，北京 100193）

葡萄是世界上产量较大，栽培历史较久的果树种类，其果实味道鲜美，营养价值高，可鲜食，也可制成葡萄酒、葡萄干、葡萄汁等加工制品，其中葡萄酒具有极高的营养价值，是最主要的加工制品。葡萄及其制品中 OTA 的检出率较高，是食品中 OTA 的主要来源，OTA 是曲霉属、青霉属一些丝状真菌的次级代谢产物，其中炭黑曲霉被认定为葡萄中 OTA 的主要产生菌，多菌灵和噁霉灵应用于葡萄园中抑制多种霉菌的生长，多菌灵可以有效抑制炭黑曲霉的生长及毒素的产生，噁霉灵对菌落生长没有显著抑制效果，但可有效控制 OTA 的产生。当加工葡萄酒的原料葡萄同时被病原真菌及杀菌剂混合污染时，这些霉菌在发酵阶段通过影响酵母的代谢影响葡萄酒的品质，病原真菌所产生的真菌毒素以及污染的一些杀菌剂等化学污染物对酵母的发酵特性和代谢活性有严重的影响。探究在多菌灵或噁霉灵和炭黑曲霉菌混合污染时，在葡萄酒酿造的过程中，多菌灵或噁霉灵对炭黑曲霉菌生长及产毒的影响，同时对整个加工过程中，赭曲霉毒素 A 含量及多菌灵和噁霉灵残留量进行跟踪检测，分析其变化规律，以及对各加工步骤（包括发酵、澄清、静置）的加工因子进行评估。结果发现：多菌灵或噁霉灵与炭黑曲霉菌的混合污染，这 2 种杀菌剂在发酵期间能够影响炭黑曲霉的生长，赭曲霉毒素 A 的含量也会随之降低，但经过整个加工过程，在成品酒中赭曲霉毒素 A 的含量没有显著性差异；对于 3 种目标化合物，每一步骤的加工因子均小于 1，这表明在葡萄酒的加工过程中 2 种杀菌剂及赭曲霉毒素 A 的残留水平均降低，并且发酵过程是该 3 种化合物浓度降低的主要加工步骤；在澄清步

* 资助项目：中国农业科学院基础研究基金（Y2019PT16）

** 第一作者：尉冬梅，博士后，从事农产品质量安全风险评估方向的研究；E-mail：wdm11268@163.com

*** 通信作者：郑永权，研究员；E-mail：zhengyongquan@ippcaas.cn

骤，皂土的添加显著降低了多菌灵的残留水平，对噁霉灵和赭曲霉毒素 A 没有明显的影响。

关键词：炭黑曲霉；赭曲霉素毒素 A；多菌灵；噁霉灵；葡萄酒发酵

我国主要产区葡萄表面黑色组曲霉种群与产毒特征研究*

Diversity and Ochratoxin A-Fumonisin Profile of Black *Aspergilli* Isolated from Grapes in China

黄晓庆[1**]，肖泽峰[1,2]，孔繁芳[1]，王忠跃[1]，王俊丽[2***]，张　昊[1***]

（1. 中国农业科学院植物保护研究所，植物病虫害生物学国家重点实验室，北京　100193；
2. 中央民族大学生命与环境科学学院，北京　100081）

葡萄（*Vitis vinifera* L.）是世界上栽培历史较悠久的植物。葡萄及相关产业在我国农业生产中占有相当大的比重。截至 2017 年年底，我国已成为葡萄产量世界第一、面积第二、葡萄酒产量第六位的葡萄产业大国。近年来，食品安全成为全世界关注的重点。规避和防止真菌毒素风险，是保证葡萄食品安全和葡萄产业健康发展的不可或缺的工作内容。葡萄产品的真菌毒素污染主要是赭曲霉毒素 A（Ochratoxins，OTA）及伏马毒素 B_2（Fumonisin B_2，FB_2）；黑色组曲霉菌（*Aspergillus* section Nigri）内的部分种，被证实具有产 OTA 及 FB_2的能力。因此，本研究对我国 13 个主要产区葡萄表面的黑色组曲霉进行分离和鉴定，对分离到的菌株进行遗传多样性分析，并检测代表菌株的产毒情况，评估我国葡萄真菌毒素污染的风险。结果表明，13 个葡萄产区鲜葡萄表面共分离到 344 株曲霉病菌，平均带菌率达 64.19%。不同气候带下鲜食葡萄表面带菌率具有明显差异（$P < 0.05$），其中亚热带季风气候下葡萄表面黑色组曲霉带菌率（72.45%）显著高于温带季风气候区（49.82%），温带大陆性气候下鲜食葡萄表面黑色组曲霉带菌率最低（37.23%）。基于部分 *CaM* 序列比对及系统发育分析，上述菌株共鉴定到 8 个曲霉种，其中 *A. tubingensis* 的分离率最高（48.7%），其他依次为 *A. welwitschiae*（20.6%）和 *A. aculeatinus*（11%）等。采用超高效液相色谱串联质谱法（UPLC-MS/MS）对部分代表菌株（167 株）进行毒素测定，发现 4.4%的菌株能够产生 OTA，59.6%能产生 FB_2；*A. carbonarius* 是 OTA 的主要产生菌，平均产毒能力达到 2.2×10^5 ng/g；*A. welwitschiae* 和 *A. niger* 是 FB_2的主要产生菌，其中所有的 *A. niger* 菌株的产毒能力都很高；*A. welwitschiae* 的产毒能力在 2 190 ng/g 至 1.1×10^5 ng/g，并且不同地区 *A. welwitschiae* 菌株的产毒能力具有明显差异（$P < 0.05$），其中山东菌株的产毒能力最高，紧接着依次为安徽、天津和河南，可能与采集的品种有

---

* 资助项目：国家重点研发计划（2016YFE0112900，2018YFD0201309）；现代农业体系（CARS-29）

** 第一作者：黄晓庆，博士后，研究方向为植物病害流行；E-mail：huangxiaoqing0718@126.com

*** 通信作者：王俊丽；E-mail：wangjunli1698@163.com

张昊；E-mail：zhanghao@caas.cn

关。上述结果明确了我国主要葡萄产区果实表明的黑色组曲霉污染情况及其产毒风险，为进一步制定防止真菌毒素污染的策略和保障葡萄食品质量安全奠定理论基础。

关键词：葡萄；黑色组曲霉；赭曲霉毒素 A；伏马毒素 B_2

5种常用杀虫剂对西花蓟马的毒力及其保护酶活性的影响

Effects of Five Commonly Used Insecticides on The Virulence and Protective Enzyme Activities of *Frankliniella occidentalis* (Pergande)

宋洁蕾*，樊宗芳，鲁智慧，李艳丽，桂富荣**

（云南农业大学植物保护学院，云南省生物资源保护与利用国家重点实验室，昆明 650201）

西花蓟马是我国第一批重点管理的外来入侵物种，因其个体小、生殖潜能极高、侵染力非常强，寄主范围广泛、对杀虫剂容易产生抗性，生活和活动场所隐秘，对蔬菜、花卉等多种农作物具有毁灭性危害而成为我国农业生产上的重要入侵害虫，常常造成作物大量减产甚至绝收，花卉完全失去观赏价值，严重影响花卉和农作物的出口贸易。随着有机磷和拟除虫菊酯类杀虫剂应用于蓟马的防治，蓟马的抗药性问题随之产生。为了明确西花蓟马对常用杀虫剂的抗性及其产生机制，本研究在室内采用四季豆浸渍喂养法，测定了5种常用杀虫剂对西花蓟马的毒力及不同杀虫剂致死中浓度诱导下西花蓟马体内3种保护酶［过氧化物酶（POD）、过氧化氢酶（CAT）和超氧化物歧化酶（SOD）］的酶活性。结果表明，5种杀虫剂对西花蓟马的毒力依次为：乙基多杀菌素>甲氨基阿维菌素苯甲酸盐>阿维菌素>吡虫啉>噻虫嗪，说明西花蓟马对乙基多杀菌素的敏感度最高，是西花蓟马防治中可优先选择使用的杀虫剂。不同农药处理后西花蓟马体内的3种保护酶活性均有明显变化，西花蓟马体内保护酶活性的变化与所使用农药的作用机理密切相关。

关键词：西花蓟马；毒力试验；保护酶活性

---

* 第一作者：宋洁蕾，硕士研究生，主要从事入侵生物防治研究；E-mail：songjielei_ynau@163. com

** 通信作者：桂富荣；E-mail：furonggui18@sina. com

溪蛉2种3龄幼虫及其外部形态的系统分类意义

Systematic Significance of Morphology of the Terminal-instar Larvae of Two *Osmylus* Species (Neuroptera, Osmylidae)

徐　晗*

（北京林业大学林学院，北京　100193）

溪蛉科幼虫兼具半水生以及陆生2种习性，是研究脉翅目由水生向陆生习性过渡的关键；此外，溪蛉成虫以及幼虫均为捕食性，可取食蚜虫、介壳虫、双翅目幼虫以及鞘翅目幼虫等农林类害虫，可作为天敌资源加以利用。但目前，溪蛉研究主要是基于成虫开展的，幼虫系统分类学研究较少，而国内溪蛉幼虫相关研究几乎属于空白。本研究首次详细记述了亮翅溪蛉（*Osmylus lucalatus*）和双突溪蛉（*Osmylus bipapillatus*）2个种的3龄幼虫外部形态特征，其中亮翅溪蛉与双突溪蛉3龄幼虫的形态区别主要在于刚毛数量以及骨片的有无，具体体现为亮翅溪蛉中胸、后胸以及第3~5腹节上的DPp2骨片上均具有3根刚毛，而双突溪蛉相应骨片具有4根；亮翅溪蛉第3~6腹节上各存在一对VM3骨片，而双突溪蛉相应骨片呈缺失状态；另外，亮翅溪蛉幼虫上唇前缘各刚毛间距不等宽，而双突溪蛉相应各刚毛间距等宽。基于幼虫的比较形态学的结果，本研究以泽蛉科为外群，基于分支界限搜索结合目前仅有的其他6种溪蛉幼虫构建最大简约树，结果显示溪蛉亚科Osmylinae处于基部位置，而肯氏溪蛉亚科Kempyninae与狭翅溪蛉亚科Stenosmylinae形成姐妹群关系，这与之前基于成虫的结果相一致，表明溪蛉科幼虫的外部形态特征具有很明显的系统分类意义，可用于溪蛉科分类学研究，为进一步作为天敌资源利用提供了基础。

关键词：溪蛉；幼虫；形态学；系统分类学

---

* 作者简介：徐晗，博士后，研究方向为溪蛉科及蚧虫总科系统分类学；E-mail：xuhan@bjfu.edu.cn

新疆冬夜蛾属 *Cucullia*（鳞翅目：夜蛾科）中国 2 新记录种*

2 Newly Records Species of Genus *Cucullia* (Lepidoptera: Noctuidae) from Xinjiang, China

冯博涛**，王少山，王佩玲，何玉莹，陈刘生***
（石河子大学农学院，新疆绿洲农业病虫害治理与植保资源利用重点实验室，石河子 832003）

夜蛾科 Noctuidae 隶属于鳞翅目 Lepidoptera，是鳞翅目中种数最多的一个科，全世界已知约 3.5 万种，中国已知约 3 751 种，大部分种类是农林生产中的重要害虫。新疆处于干旱与半干旱地区，昆虫区系组成具有一定的特殊性，主要以古北区组成为主，进行新疆夜蛾科昆虫分类研究，对丰富昆虫分类学研究内容、昆虫种类多样性及农林害虫科学防控提供科学依据。通过对采集于新疆的 1 200 头夜蛾科昆虫成虫标本进行检视、系统整理，利用成虫外部形态和外生殖器形态特征，开展比较形态学分类，整理出新疆夜蛾科 134 属 364 种（含裳蛾科 Erebidae），发现了 2 个中国新记录种，分别是砂冬夜蛾 *Cucullia sabulosa*（Staudinger, 1897）和纳氏冬夜蛾 *Cucullia gnaphalii*（Hübner, [1813]）隶属于冬夜蛾亚科（Cucullinae）冬夜蛾属（*Cucullia*）。砂冬夜蛾外形与黄条冬夜蛾 *Cucullia biornata*（Fischer von Waldheim, 1840）比较相似，可以从以下几个特征进行区分：翅面及身体淡黄色，翅面无明显的斑纹，散布黑褐色砂粒斑点斑；抱器腹近末端圆钝，而黄条冬夜蛾抱器腹和抱器背近平行；纳氏冬夜蛾与三刺冬夜蛾 *Cucullia tristis*（Boursin, 1934）外形上较相似，但雄性外生殖器差别较大，三刺冬夜蛾的钩形突比纳氏冬夜蛾的宽大，抱器瓣宽而直，阳茎端膜里有 3 个阳茎针，而纳氏冬夜蛾仅有 1 个。所有研究标本均保存于石河子大学昆虫标本室。本研究很好地补充了新疆昆虫分类学内容，也是对中国夜蛾科内容的扩充。

关键词：夜蛾科；冬夜蛾；新记录种；新疆

---

* 资助项目：国家自然科学基金项目（41101051）

** 第一作者：冯博涛，硕士研究生，主要从事农业昆虫与害虫防治研究；E-mail：623713511@qq.com

*** 通信作者：陈刘生，副教授，主要从事农业昆虫与害虫防治研究；E-mail：lshchen2008@163.com

亚洲玉米螟在单/双价蛋白汰选下的抗性发展规律*

Evolution of Asian Corn Borer Resistance to Bt Toxins Used Singly or in Pairs

王月琴[1]**，全玉东[1]，杨　景[1]，束长龙[1]，王振营[1]，张　杰[1]，
Angharad M. R. Gatehouse[2]，Bruce E. Tabashnik[3]，何康来[1]***
（1. 中国农业科学院植物保护研究所，植物病虫害生物学国家重点实验室，北京　100193；
2. *School of Natural and Environmental Sciences*，*University of Newcastle*，
*Newcastle upon Tyne NE*1 *7RU*，*UK*；
3. *Department of Entomology*，*University of Arizona*，*Tucson*，*AZ* 85721，*USA*）

北美、西欧、南美等生产实践表明：大面积种植转 Bt 基因抗虫作物不可避免地胁迫靶标害虫产生抗性。模型预测：在转基因作物高剂量表达目的蛋白、种植一定面积非 Bt 作物为庇护所、抗性为隐性遗传、不同杀虫蛋白不存在交互抗性等前提下，同时表达两种或多种 Bt 杀虫蛋白的转基因抗虫作物（“多基因”策略）能有效地延缓靶标害虫产生抗性。然而，真正能达到上述前提条件可供生产应用的转多基因抗虫玉米几乎没有。因此，本项目在非高剂量表达（LC_{50}剂量浓度）、非隐性遗传、有交互抗性、无庇护所等非理想前提条件下，以亚洲玉米螟为实验材料展开单蛋白（Cry1Ab、Cry1F、Cry1Ie）和双蛋白汰选（Cry1Ab + Cry1F、Cry1Ab + Cry1Ie），室内模拟种植表达单一杀虫蛋白和双价杀虫蛋白景观生态情景，明确靶标害虫的抗性发展趋势。结果表明：在评估条件下，双蛋白汰选不能持续延缓亚洲玉米螟抗性的产生。

关键词：Bt 毒素；“多基因”策略；抗性；亚洲玉米螟

---

* 资助项目：转基因重大专项（2016ZX08003-001）

** 第一作者：王月琴，博士后，从事农业昆虫与害虫防治方向的研究；E-mail：yueqinqueen@126. com

*** 通信作者：何康来，研究员；E-mail：hekanglai@caas. cn

烟粉虱和小菜蛾不同顺序为害芥蓝后对2种昆虫适合性的影响*

Effects of Different Sequential Infestation of Chinese Kale by *Bemisia tabaci* and *Plutella xylostella* on Their Fitness

蒋　骏**，徐莉莉，张世泽***，刘同先

（西北农林科技大学植物保护学院，旱区作物逆境生物学国家重点实验室，杨凌　712100）

小菜蛾和烟粉虱是2种危害严重的世界性害虫，具有分布范围广、抗药性强等特点，给农业生产造成了巨大的经济损失。由于两者是不同取食口器的昆虫，在田间常常同时发生为害，但其为害后对各自生物学和种群动态的影响尚未见报道。本研究应用两性生命表的方法，对小菜蛾和烟粉虱同时为害和先后为害芥蓝后对各自的发育历期、繁殖能力、生命表参数和种群参数等进行了研究。结果表明，在2种害虫同时或先后为害下，烟粉虱雌成虫寿命和产卵天数明显延长外，其他参数没有显著差异。与烟粉虱单独为害相比，小菜蛾取食导致烟粉虱的发育历期明显缩短，烟粉虱雌成虫寿命、产卵天数和繁殖力明显增加；小菜蛾为害后烟粉虱再为害，导致烟粉虱种群参数周限增长率 λ 和内禀增长率 r 均显著升高。与小菜蛾先为害烟粉虱再为害比较，小菜蛾与烟粉虱同时为害导致烟粉虱的种群参数除净增殖率 R_0 升高外，其他参数没有差异。与小菜蛾单独为害相比，2种昆虫同时为害导致小菜蛾1龄、3龄幼虫的发育历期和蛹期显著降低，雌成虫寿命显著延长；烟粉虱先为害则导致小菜蛾3龄幼虫期显著延长。研究发现烟粉虱先为害对不同处理小菜蛾的种群参数都没有明显影响。表明不同口器害虫之间的不同取食顺序会影响后者害虫的种群动态发展，后者昆虫的取食会削弱前者昆虫取食产生的影响。当2种不同取食口器昆虫共存于同一植物时，似乎更有利于2种昆虫的种群增长。

关键词：小菜蛾；烟粉虱；先后为害；同时为害；两性生命表；种群参数

---

* 资助项目：国家自然科学基金项目（31470484）；国家重点研发计划（2017YFD0201006）

** 第一作者：蒋骏，硕士研究生，研究方向为昆虫生态与害虫防治；E-mail：junjiang@ nwafu. edu. cn

*** 通信作者：张世泽；E-mail：shzzhang@ nwafu. edu. cn

烟粉虱寄主植物对日本刀角瓢虫趋向行为的影响*

Bemisia tabaci-Infested Plants Affect Orientational Behavior of the Ladybeetle *Serangium japonicum*

田　密**，徐莉莉，蒋　骏，张世泽***，刘同先

（西北农林科技大学植物保护学院，旱区逆境生物学国家重点实验室，杨凌　712100）

日本刀角瓢虫 *Serangium japonicum* 是粉虱类害虫的优势天敌，具有较大的生防潜力。为探明日本刀角瓢虫对不同寄主植物上烟粉虱的控制效果，研发寄主植物—烟粉虱—日本刀角瓢虫的控制技术，本研究利用生态学、行为学等技术探究了日本刀角瓢虫对猎物寄主植物的趋向行为。温室笼罩试验表明烟粉虱 *Bemisia tabaci* 对不同寄主植物的偏好程度为茄子 > 黄瓜 > 烟草，不偏好棉花和番茄；日本刀角瓢虫相对偏好的植物为茄子>黄瓜>棉花，不偏好烟草和番茄。风洞试验表明，相较于棉花和番茄，烟粉虱更偏好茄子、黄瓜和烟草。与烟草相比，日本刀角瓢虫更喜欢茄子、黄瓜和棉花。“Y”型嗅觉仪测试日本刀角瓢虫偏好的3种植物味源，结果表明，当同种植物的净苗和虫害苗为两侧味源时，仅在棉花味源组发现日本刀角瓢虫偏好选择虫害棉花，在茄子和黄瓜味源组中无明显偏好选择。当3种偏好植物的虫害苗互为两侧味源进行两两比较时，日本刀角瓢虫不能辨识出不同寄主植物的挥发性气味。对3种优势寄主植物的净苗和虫害苗进行挥发物收集和分析，共鉴定到25种化合物，但其种类和含量变化显著。在同种植物的净苗和虫害苗中，烟粉虱为害前后各组分仅发生浓度变化。在烟粉虱为害的3种植物中，挥发物壬醛、十五烷、3-甲基十五烷和十七烷含量明显升高，推测其可能在日本刀角瓢虫定位烟粉虱寄主植物中发挥重要作用。研究结果表明茄子为烟粉虱和日本刀角瓢虫的共同偏好寄主植物，茄子既可作为烟粉虱的诱集植物，同时又能作为日本刀角瓢虫的适生植物，为研发“茄子+烟粉虱+日本刀角瓢虫”的生物防治新模式提供了理论依据。

关键词：日本刀角瓢虫；烟粉虱；寄主植物；行为学；生物防治

* 资助项目：国家自然科学基金项目（31470484）；国家重点研发计划（2017YFD0201006）

** 第一作者：田密，博士研究生，研究方向为昆虫生态与害虫防治；E-mail：mitian1993@163.com

*** 通信作者：张世泽；E-mail：shzzhang@nwafu.edu.cn

一种二氯乙酸盐的合成及对弱春性小麦分蘖的影响*

One Type of Dichloroacetate-Synthesis and Effect on the Tillers of Spring Wheat

李欢欢**，姜伟丽，宋贤鹏，马 艳***
（中国农业科学院棉花研究所，棉花生物学国家重点实验室，安阳 455000）

小麦淀粉、蛋白质含量高，是我国仅次于水稻的重要粮食作物。小麦具有分蘖的重要生物学特性，单株分蘖数直接影响有效分蘖数（成穗数）、小麦产量形成。目前，市场上有效促进小麦苗期分蘖的产品种类、数量较少。因此，研究促进小麦分蘖的化合物，对提高单位面积小麦产量具有重要的经济效益。二氯乙酸可调节植物生长发育，但是在田间使用时，阳光中大量紫外线会加速其光降解导致失活、使用量大。在这里，笔者报道一种稳定性高、水溶性优异的二氯乙酸盐，探索其在小麦等禾谷类作物生产中的应用效果。以二氯乙酸为先导化合物，直接经酸碱中和反应“一步法”合成；通过单因素正交试验，确定最佳的合成条件。并在田间小区条件下，以弱春性小麦品种‘04 中 36’和‘偃师 4110’为材料，在小麦 3~4 叶期、分蘖芽形成时进行叶面喷施，定株调查对小麦分蘖数、有效分蘖数的影响。实验结果表明：其中喷施 450 倍液二氯乙酸盐 A 对两种小麦的促分蘖效果最佳。‘04 中 36’单株平均分蘖数为 5.5 个，较空白对照处理（4.2 个/株）多 1.3 个，增长了 30.9%；单株平均有效分蘖数为 3.8 个，分蘖成穗率高达 62.2%，比空白对照组（37.5%）提高了 24.7%。‘偃师 4110’单株平均分蘖数为 8.8 个，较空白对照处理（7.6 个/株）多 1.2 个，增长了 15.7%；同时单株平均有效分蘖数为 4.3 个，分蘖成穗率为 42.3%，也较空白对照组（28.7%）提高了 13.6%。与此同时，2 个品种小麦的分蘖茎秆增粗、须根数目增加，利于提高小麦抗倒伏、吸水吸肥能力。通过外源施加二氯乙酸盐 A，可增加小麦有效分蘖数，有望提高小麦单位面积产量。目前关于二氯乙酸盐的促分蘖机理还不清楚，需要进一步研究。

关键词：二氯乙酸盐；小麦；分蘖；有效分蘖数

---

* 资助项目：国家现代农业产业技术体系——棉花产业技术体系（CARS-15-20）；“十三五”国家重点研发计划“作物—施药参数—药效—环境之间的关系研究及高工效农药制剂研制”（2016YFD0200707-3）

** 第一作者：李欢欢，博士后，研究方向为新农药创制；E-mail：greatwoman407@163.com
*** 通信作者：马艳；E-mail：mayan@cricaas.com.cn

2 种防止入侵红火蚁扩散的安全驱避剂的研究*

Two Safe Chemical Repellents to Prevent the Spread of the Invasive Fire Ants

陈思琪**，陈鸿宇，许益镌***

（华南农业大学红火蚁研究中心，广州　510642）

红火蚁是世界最具为害性入侵生物之一。红火蚁可以通过草皮、木材运输等方式扩散。因此，高效的驱虫剂可以用来防止红火蚁躲藏在货物当中，阻止红火蚁的扩散。尽管一些红火蚁趋避物质已经被研发出来，但新型环保经济的红火蚁趋避药剂仍亟待研发。最近对模式昆虫的研究发现，廉价易得、无毒的驱虫剂具有良好的商业前景（例如，邻氨基苯甲酸酯）。在本研究中，测量了食品添加剂邻氨基苯甲酸乙酯和邻氨基苯甲酸丁酯对红火蚁工蚁筑巢的驱避效果，结果表明极低浓度的这些化合物即可以防止红火蚁在花盆中筑巢。测试的化合物在低于 100μL/ L 的浓度下仍能保持活性，这比任何其他已应用的药剂（包括驱虫剂 DEET）的最低活性浓度低许多倍。这些廉价的化学品已被食品和化妆品行业安全的使用，其高效性将最有希望用于防止红火蚁传播。因此，应对这 2 种物质进行进一步的应用探索。

关键词：IPM；生物源农药；流浪蚁；生物入侵

---

* 资助项目：国家重点研发专项（2016YC1201200）

** 第一作者：陈思琪，博士研究生，主要从事入侵生物学研究；E-mail：719855828@ qq. com

*** 通信作者：许益镌，教授，主要从事植物检疫与生物入侵研究；E-mail：xuyijuan@ yahoo. com

一种简单有效防止蚂蚁逃逸的方法*

A Simple and Effective Method for Preventing Ants from Escaping

宁冬冬**，杨　帆，肖　倩，冉　浩，许益镌***
（华南农业大学红火蚁研究中心，广州　510642）

昆虫饲养和研究过程中，防逃是一项不可缺少的措施，但目前对于蚂蚁等小型昆虫的防逃方法仍然有限。为开发便捷高效的防逃技术，本试验利用滑石粉与乙醇混合配制成防逃液，测试它对红火蚁（*Solenopsis invicta* Buren）和黑腹小家蚁（*Monomorium intrudens* F. Smith）的防逃效果，并通过电镜扫描技术揭示其防逃机制。结果表明，6 种细度的滑石粉与无水乙醇混合液（质量：体积 = 1：5）处理的玻璃培养皿对红火蚁防逃率均为 100%；而当 D97 为 2 μm 和 3 μm 的滑石粉与无水乙醇混合液对黑腹小家蚁防逃率可达到 100%；不同浓度（20%~99.7%）的乙醇与 D97 为 2 μm 的滑石粉混合后均能完全阻止 2 种蚂蚁逃逸。滑石粉与无水乙醇的比例高于 1/50 时防逃率为 100%。另外，该防逃液的持效可达 3 个月以上并放置 1 年后仍然有效。然而，在 1d 的防逃试验中，氟隆无法阻止小家蚁逃逸。电镜扫描结果表明：相同浓度下，随着滑石粉颗粒尺寸的减小，颗粒间的缝隙越小。红火蚁小工蚁体重：吸附垫面积约为 2，而黑腹小家蚁约为 1。滑石粉颗粒大小和形成的间距以及蚂蚁自身的重量和抓附能力是影响防逃效果的主要原因。该防逃液有良好的防逃效果，对小型蚂蚁的防逃效果更优于氟隆。

关键词：微生物；种间相互作用；生物入侵

---

* 资助项目：国家重点研发专项（2016YC1201200）；广东省科技计划（2016A020210095）

** 第一作者：宁冬冬；E-mail：274399033@ qq. com
*** 通信作者：许益镌；E-mail：xuyijuan@ yahoo. com

一种新型驱避剂对绿盲蝽的驱避效果及缓释体系的构建*

The Repellent Effect of a New Repellent on *Apolygus lucorum* Adults and the Construction of the Slow-release System

肖　勇[1]**，安兴奎[2]，王　琪[2]，张永军[2]***，李振宇[1]***
（1. 广东省农业科学院植物保护研究所，广东省植物保护新技术重点实验室，广州　510640；
2. 中国农业科学院植物保护研究所，植物病虫害生物学国家重点实验室，北京　100193）

绿盲蝽（*Apolygus lucorum*）是一种重要的农业害虫，已记载的寄主植物达200多种。近10多年来，绿盲蝽在长江流域和黄河流域以及西北内陆棉区发生危害程度逐年加重，已成为棉花、枣树和葡萄等多种经济作物上的主要害虫。利用昆虫行为调控物质防治害虫的新技术得到了更广泛的应用，可以对害虫进行监测、诱捕、迷向和驱避等。与传统化学农药相比，该类技术是一种环境友好型的植物保护策略。驱避剂是一类常见的昆虫行为调控物质，可以与引诱剂、诱集植物等引诱措施结合形成“推-拉”技术策略，用于农业害虫的综合治理。前期研究发现，二甲基二硫醚（dimethyl disulfide，DMDS，CAS：No. 624-92-0）对绿盲蝽雌雄成虫具有明显的驱避效果。此外，十二醛也能够显著地驱避绿盲蝽雄性成虫。但二甲基二硫醚具有浓烈的刺激性辛臭味，令人感到不愉悦，而十二醛（CAS：No. 112-54-9，又称月桂醛）则有花香味道。本研究首先通过室内行为选择试验，筛选对绿盲蝽驱避效果最好的二甲基二硫醚和十二醛混配比。结果表明，与对照液体石蜡油相比，绿盲蝽对十二醛和二甲基二硫醚比例为1∶1、1∶2、1∶3、1∶5、2∶1、3∶1、5∶1、10∶1的组合以及单一组分的十二醛，均在6h时具有明显的驱避性，且与对照差异显著（$P<0.05$），其中，十二醛和二甲基二硫醚比例为10∶1，驱避效果最佳，从0.5h开始就产生了显著的驱避效果。进而利用气相色谱-质谱（GC-MS）联用技术对不同浓度稀释的驱避剂有效组分的降解情况进行定量分析。结果表明，驱避剂有效组分与液体石蜡体积比为1∶10混合，装入聚乙烯缓释小瓶的效果最好，所检测到的二甲基二硫醚和十二醛含量均为最高，且二甲基二硫醚成分在第45天后仍可检测到，而十二醛在第60天仍可检测到。本研究筛选得到了对绿盲蝽驱避效果更佳的驱避剂组分，为田间应用防控绿盲蝽成虫奠定了基础，也为害虫防控提供新方法和新途径。

关键词：绿盲蝽；驱避剂；缓释效果；行为调控

---

* 资助项目：国家“973”计划（2012CB114104）；国家自然科学基金项目（31171858；31321004；31501652；31471778）；国家重点实验室开放课题（SKLOF201514）

** 第一作者：肖勇，博士研究生，助理研究员，研究方向为昆虫分子生态学与害虫控制；E-mail：xiaoyongxyyl@163.com

*** 通信作者：张永军；E-mail：yjzhang@ippcaas.cn
李振宇；E-mail：Lizhenyu@gdaas.cn

棉铃虫乙醇脱氢酶 ADH5 与 P450 解毒酶 *CYP6B6* 启动子结合并响应 2-十三烷酮胁迫

Alcohol Dehydrogenase 5 of *Helicoverpa armigera* Interacts with the *CYP6B6* Promoter in Response to 2-Tridecanone

赵　洁[1,2]，魏　倩[2]，古欣荣[2]，任苏伟[2]，刘小宁[2]

（1. 新疆绿洲农业病虫害治理与植保资源利用重点实验室，石河子大学农学院，石河子　832003；

2. 新疆生物资源和基因工程重点实验室，新疆大学生命科学与技术学院，乌鲁木齐　830046）

乙醇脱氢酶 5（alcohol dehydrogenase5，ADH5）属于中等链脱氢还原酶家族，广泛存在于从细菌至哺乳动物的多种生物体内。ADH5 在细胞的甲醛和 S-亚硝基谷胱甘肽代谢通路中发挥关键作用，从而参与蛋白翻译后修饰、氧化应激、神经元发育、细胞凋亡和免疫系统平衡等多种生物学过程。本文利用 RACE 末端扩增技术，从棉铃虫幼虫中肠中克隆得到一个新的 ADH5 基因（*HaADH5*），氨基酸序列分析显示 *Ha*ADH5 含有一个核苷酸结合结构域和左旋多聚脯氨酸螺旋域，三级结构预测表明该蛋白在体内以二聚体的形式发挥功能。同时，在 2-十三烷酮处理棉铃虫幼虫后检测中肠内 *Ha*ADH5 的表达量，结果表明 *Ha*ADH5 能响应 2-十三烷酮的胁迫，其蛋白含量在短时间内明显增加，但随着处理时间的延长而逐渐减少。随后，对 2-十三烷酮诱导 *CYP6B6* 表达的调控通路进行了探索，通过体外的凝胶电泳迁移率分析和酵母体内的转录激活验证实验，证实 *Ha*ADH5 能与 *CYP6B6* 启动子中的 2-十三烷酮响应序列结合，从而激活报告基因的转录和翻译。最后，对 2-十三烷酮胁迫下 *Ha*ADH5 与 CYP6B6 的表达量进行相关性分析，结果表明 *Ha*ADH5 可能作为激活因子调控 *CYP6B6* 的转录过程。综上所述，2-十三烷酮可刺激棉铃虫体内的甲醛代谢通路，增加 *Ha*ADH5 的表达量，一部分过量表达的 *Ha*ADH5 进入细胞核，并与 *CYP6B6* 启动子中的 2-十三烷酮响应序列结合并激活 *CYP6B6* 的转录，从而参与棉铃虫的解毒代谢、生长和变态发育过程。

关键词：棉铃虫；乙醇脱氢酶；DNA-蛋白相互作用；调控因子；2-十三烷酮

乙酰胆碱酯酶 AChE1 点突变在褐飞虱对毒死蜱抗性中的作用*

Mutations in AChE1 Play Important Roles in Chlorpyrifos Resistance in *Nilaparvata lugens* (Stål)

杨保军**，徐西霞，刘泽文***

（南京农业大学植物保护学院，南京　210095）

褐飞虱（*Nilaparvata lugens*）是为害水稻最重要的害虫之一，一直以来，防治褐飞虱的主要措施是使用化学杀虫剂。化学杀虫剂过度使用已经导致田间褐飞虱种群对大部分杀虫剂产生了不同程度的抗性。以田间褐飞虱种群为初始虫源，用毒死蜱（chlorpyrifos）连续筛选 9 代和不筛选获得了一个抗性品系 R9 和一个相对敏感品系 S9，R9 品系抗性倍数为 253.08 倍。在抗性品系中，增效剂 PBO（piperonyl butoxide）和 TPP（triphenyl phosphate）对毒死蜱均表现出一定增效作用，但增效倍数均在 3.0 以下，表明还有非代谢抗性机制如靶标抗性参与褐飞虱对毒死蜱的抗性。与 S9 品系相比，R9 抗性品系试虫 AChEs 粗蛋白对底物碘代硫代乙酰胆碱（ATChI）具有较低的亲和力（K_m）和较低的最大反应速率（V_{max}），表明靶标不敏感可能参与了褐飞虱对毒死蜱抗性的形成。对比 R9 和 S9 的 AChE 序列，在 R9 品系试虫乙酰胆碱酯酶 1（NlAChE1）发现 3 个点突变（G119S、F331C 和 I332L），而在乙酰胆碱酯酶 2（NlAChE2）没有任何点突变。异源重组 NlAChE1 的 G119S 和 F331C 突变体，发现这两个突变体对毒死蜱的敏感性显著降低。虽然 I332L 并不影响毒死蜱对 NlAChE1 的敏感性，但可以增强对 F331C 的敏感性，即双突变 F331C/I332L 造成的 NlAChE1 敏感性下降更多；同时，I332L 还可以弥补 F331C 造成的 NlAChE1 对内源神经递质乙酰胆碱催化效率下降的不利影响，从而维持 AChE 的正常功能，有利于双突变在抗性个体中的维持和稳定。

关键词：褐飞虱；毒死蜱；乙酰胆碱酯酶；点突变；敏感性

---

* 资助项目：国家自然科学基金项目（31830075）

** 第一作者：杨保军，博士，主要从事害虫抗药性研究；E-mail：yangbjy@ 126. com

*** 通信作者：刘泽文，教授，主要从事害虫抗药性研究；E-mail：liuzewen@ njau. edu. cn

害虫天敌拟环纹豹蛛神经多肽类毒素的分析*

Neurotoxin Profiles in the Wolf Spider *Pardosa pseudoannulata*, A Natural Enemy of A Range of Insect Pests

黄立鑫**，王照英，刘泽文***

（南京农业大学植物保护学院，南京 210095）

蜘蛛主要捕食节肢动物，毒液是蜘蛛进行捕食的主要武器，蜘蛛毒液是由多种化合物组成的混合物，根据毒液的化学成分和药理多样性，可以将其分为6类：小分子化合物类、酰基多胺类、线性多肽、富含二硫键的多肽毒素、高分子量蛋白质类毒素以及酶类。富含二硫键的多肽毒素是大多数蜘蛛毒液中的主要毒性物质，大多数富含二硫键的蜘蛛毒素作用于外周神经肌肉接头或昆虫中枢神经系统的突触处，靶向突触前离子通道或突触后受体。以害虫天敌拟环纹豹蛛为研究对象，系统地分析了其毒液的组成，并对各种类型的毒素进行了总结。

通过拟环纹豹蛛毒腺转录组测序，根据序列比对及注释信息分析，共鉴定出43个富含二硫键的多肽毒素。通过结构域分析，发现其中包括38个可能的神经毒素和5个可能的非神经毒性毒素。根据半胱氨酸排列方式、系统发育和结构域分析，将32种神经多肽类毒素分为6个家族（family）；而另外的6种神经毒素，未能进行归类，命名为未能分类的类群。根据基因组结果，我们对拟环纹豹蛛神经毒素基因的基因结构进行了分析，结果显示，除Family F中神经毒素的成熟肽序列含有2~3个外显子，剩余5个家族中的神经毒素的成熟肽序列均只含有1个外显子。除了富含二硫键的多肽类毒素外，拟环纹豹蛛的毒液中还含有一些其他的组分，主要有虾红素样金属蛋白酶、Kunitz型丝氨酸蛋白酶抑制剂、毒液过敏原和透明质酸等。为了探索拟环纹豹蛛毒素相关基因的组织分布和表达，笔者选取了毒腺、脑和脂肪体用于组织表达谱分析。结果显示，大多数神经多肽类毒素基因主要在毒腺中特异性表达或者特异高表达。此外，胰蛋白酶样丝氨酸蛋白酶、毒液过敏原和透明质酸酶基因也在毒腺中特异性表达或者特异高表达。

关键词：拟环纹豹蛛；多肽类毒素；组织表达谱分析

---

* 资助项目：国家自然科学基金（31772185）

** 第一作者：黄立鑫，博士研究生，主要从事蜘蛛毒素作用机制研究；E-mail：2016202046@njau. edu. cn

*** 通信作者：刘泽文，教授，主要从事害虫抗药性研究；E-mail：liuzewen@ njau. edu. cn

原产地和入侵地紫茎泽兰对泽兰实蝇选择性、卵巢蛋白质含量与解毒酶活性的影响*

Effect of Native and Invasive Populations of *Ageratina adenophora* on the Selectivity, Ovarian Protein and Detoxification Enzymes of *Procecidochares utilis*

刁跃珲**，高　鑫，孙圆圆，赵云鹏，徐　刚，杨国庆***

（扬州大学园艺与植物保护学院，扬州　225009）

紫茎泽兰是我国危害严重的恶性入侵杂草。已有许多实验结果证明入侵生物逃避原产地天敌后资源分配发生变化。本实验室已有研究结果表明，紫茎泽兰入侵地种群的几种主要抗虫物质的含量不同程度地低于原产地种群。比较专一性天敌泽兰实蝇对该杂草入侵前后植株的适应性，是揭示外来植物入侵后适应性机制的重要科学问题之一。本研究比较了泽兰实蝇对原产地和入侵地紫茎泽兰植株的寄主选择性，并测定了寄生于2类植株上泽兰实蝇卵巢蛋白质含量及乙酰胆碱酯酶、羧酸酯酶、谷胱甘肽S-转移酶活性。结果表明，泽兰实蝇对原产地和入侵地紫茎泽兰的选择无显著性差异；寄生在紫茎泽兰入侵地植株上的卵巢蛋白质含量较原产地植株上高119%（$F=1.657$，$P<0.05$）。寄生于入侵地C1种群的泽兰实蝇卵巢蛋白质含量最高，为1.23 mg/mL。解毒酶活力比较表明，入侵地紫茎泽兰上泽兰实蝇的羧酸酯酶活性低于原产地上的，但谷胱甘肽S-转移酶（雌虫）活性比较则相反，乙酰胆碱酯酶活性比较均无显著性差异。本文结果证实紫茎泽兰入侵后对专一性天敌泽兰实蝇的适应性有所下降，丰富了外来植物入侵机制中天敌逃逸假说的内涵。

关键词：紫茎泽兰；泽兰实蝇；选择性；卵巢蛋白质；解毒酶

---

* 资助项目：国家自然科学基金（31772229）

** 第一作者：刁跃珲，本科生；E-mail：whydyh@hotmail.com

*** 通信作者：杨国庆，教授，主要从事入侵植物扩张的生态机制；E-mail：gqyang@yzu.edu.cn

泽兰实蝇脂肪体转录组分析及免疫、解毒和能量代谢相关基因的鉴定*

De Novo Transcriptome Analysis and Identification of Genes Associated with Immunity, Detoxification and Energy Metabolism from the Fat Body of the Tephritid Gall Fly, *Procecidochares utilis*

李丽芳**，高　熹，兰明先，李梦月，廖贤斌，朱家颖，
李正跃，叶　敏，吴国星***
（云南农业大学植物保护学院，昆明　650201）

昆虫的脂肪体是类似于脊椎动物肝脏和脂肪组织的多功能器官，在昆虫的生命活动中起着重要的作用。昆虫的脂肪体参与了蛋白质的储存、能量的代谢、外源物质的解毒和免疫调节蛋白的产生等多种生理活动。然而目前关于实蝇科致瘿昆虫泽兰实蝇（*Procecidochares utilis*）脂肪体生理功能方面的分子机制尚不清楚。在本研究中，笔者使用 Illumina 技术对泽兰实蝇的脂肪体进行了转录组测序分析。总共获得了 3. 71 G clean reads，经组装获得平均长度为 539 bp 的 unigene 30 559 条。在这些 unigene 基因中，有 21 439（70. 16%）条 unigene 注释到了 Nr 数据库。此外，为了进一步了解这些 unigene 的功能，我们还将这些基因注释到了 Nt、SwissProt、KEGG 和 GO 数据库。通过比较分析注释的数据库鉴定出了与解毒、免疫和能量代谢相关的基因。最终鉴定出了许多解毒相关的基因，包括 50 个细胞色素 P450 的基因、18 个谷胱甘肽 S 转移酶基因、35 个羧酸酯酶基因和 26 个 ATP 结合盒转运蛋白基因。鉴定出的免疫相关基因包括 17 丝氨酸蛋白酶抑制剂基因、5 个肽聚糖识别蛋白基因和 4 个溶菌酶基因。此外，鉴定出的与能量代谢的基因包括 18 个脂肪酶基因、5 个脂肪酸合酶基因和 6 个超长链脂肪酸延伸酶基因。本研究获得的泽兰实蝇脂肪体转录组提高了研究者对该虫基因方面的了解，此外，泽兰实蝇脂肪体中大量解毒、免疫和能量代谢基因的鉴定为进一步研究这些基因的功能提供了一系列有价值的分子资源。

关键词：泽兰实蝇；脂肪体；转录组；解毒；免疫；能量代谢

---

* 资助项目：国家自然科学基金项目（31860521）
** 第一作者：李丽芳，博士研究生，研究方向为农药学；E-mail：lilifang7939@ 163. com
*** 通信作者：吴国星，教授；E-mail：wugx1@ 163. com

基于全基因序列的中国北方3省（区）马铃薯Y病毒遗传多样性分析*

The Genetic Diversity Analysis of *Potato virus Y* in Three Provinces of North China Based on the Full Genomic Sequences

马俊丰**，李小宇，张春雨，苏前富，王永志***
（吉林省农业科学院，长春　130033）

本研究以马铃薯Y病毒基因组为分子标记，分析吉林省、黑龙江省和内蒙古自治区（以下简称内蒙古）3省（区）PVY群体遗传多样性和群体分化，并评估突变、重组、选择等遗传力所起的作用。根据已报道的PVY不同分离物全基因序列保守区设计4对引物，采用片段重叠法对来自内蒙古和吉林的24个PVY分离物全基因序列进行扩增，并联合NCBI中已登录的9个黑龙江分离物全基因组序列进行遗传多样性参数评估、群体分化检验和分子变异等分析。结果显示，我国北方3省（区）PVY群体遗传多样性高，其中内蒙古和黑龙江PVY群体遗传多样性高于吉林群体，并且3个群体之间呈现一定程度的遗传分化。分子变异分析发现在PVY基因组中存在1 786个变异位点，表明我国北方3省（区）PVY群体变异程度较高，并且这种高变异度有85.541%是来自各个马铃薯种植区内PVY个体的遗传变异。重组分析和系统发育分析发现，我国北方3省（区）PVY群体中重组株系占比高达90.3%，并具有明显的株系多样性，表明PVY重组株系已成为我国北方3省（区）马铃薯种植区的流行株系。选择压力分析显示，3个种植区PVY群体受净化选择压力为主，但基因组中也存在6个显著的正向选择压力位点，这些正向选择位点有利于PVY的生存竞争，会在遗传进化过程中不断积累。以上结果表明，中国北方3省（区）PVY群体遗传多样性高，突变、重组和自然选择都对遗传多样性和群体分化存在一定影响。

关键词：马铃薯Y病毒；全基因序列；重组分析；系统发育分析；遗传多样性

---

* 资助项目：吉林省科学技术厅重点项目（20180201013NY）；国家重点研发项目（2017YFD0201604）

** 第一作者：马俊丰，硕士研究生，主要从事分子植物病毒学研究；E-mail：Junfma@163.com
*** 通信作者：王永志，博士，副研究员，主要从事植物病毒学研究；E-mail：yzwang@126.com

草地贪夜蛾入侵种群低温生存能力测定*

The Measure of Survival Ability of *Spodoptera frugiperda* Invasion Population at Low Temperature

张丹丹**，吴孔明***

（中国农业科学院植物保护研究所，植物病虫害生物学国家重点实验室，北京 100193）

草地贪夜蛾 *Spodoptera frugiperda*（J. E. Smith）是一种世界性重大农业害虫，目前对我国玉米生产构成重大威胁。本研究利用智能过冷却点测定仪测定了草地贪夜蛾入侵种群（不同龄期幼虫、预蛹、蛹和成虫）的过冷却点和结冰点，并利用人工智能培养箱测定了草地贪夜蛾1~4龄幼虫在不同低温（2℃、7℃、13℃）下的半数致死时间（LT_{50}）和 LT_{90}。结果显示，过冷却点高低顺序为：成虫（-15.05℃）< 蛹（-13.25℃）< 预蛹（-10.50℃）< 幼虫（-9.03℃），结冰点高低顺序同过冷却点，为：成虫（-5.54℃）< 蛹（-2.56℃）< 预蛹（-1.72℃）< 幼虫（-1.44℃）；1~4龄幼虫在不同低温下的 LT_{50} 和 LT_{90} 范围分别为 18.05~1 002.77 h、116.26~1 645.80 h。研究结果为预测草地贪夜蛾在我国的发生期、发生区和越冬区提供了科学依据和技术支撑。

关键词：草地贪夜蛾；卵；不同龄期幼虫

* 资助项目：中国农业科学院草地贪夜蛾联合攻关重大科技任务（Y2019YJ06）

** 第一作者：张丹丹，博士后，从事昆虫生态学研究；E-mail：wua134152@163.com

*** 通信作者：吴孔明，研究员；E-mail：kmwu@caas.cn

引起甜菜根腐病的丝核菌携带真菌病毒多样性分析*

Diversity of the Mycovirus from *Rhizoctonia* Isolates Associated with Sugar Beet Root Rot Disease

赵　灿[1,2**]，高丽红[2]，吴学宏[1***]

（1. 中国农业大学植物保护学院，北京　100193；2. 中国农业大学园艺学院，北京　100193）

甜菜又名萘菜，属于双子叶植物纲、藜科、甜菜属植物，在我国40°N以北的东北、华北、西北等冷凉地区广泛种植，是我国北方的重要制糖原料作物。2017年，我国甜菜栽培面积为174 000hm^2。作为甜菜生长中后期的重要病害，根腐病造成甜菜产量降低、品质下降，给甜菜生产带来了重大的经济损失。丝核菌作为甜菜根腐病的主要病原菌之一，其优势融合群为立枯丝核菌（*Rhizoctonia solani*）AG-2-2和AG-4。目前，主要围绕引起水稻纹枯病的立枯丝核菌（*R. solani*）AG-1和引起小麦纹枯病的禾谷丝核菌（*R. cerealis*）这2个融合群类型进行携带真菌病毒的研究，其所携带的真菌病毒包括双分病毒科、裸露病毒科、内源病毒科和巨型双节段病毒科的病毒。本实验室于2009—2016年从甜菜根腐病样品中分离鉴定出260株丝核菌，以这些丝核菌为研究对象，利用高通量测序分析其中真菌病毒的种类，以期探索其中具有生防潜力的弱毒病毒，从而为生产中防治丝核菌引起的甜菜根腐病提供生防资源。高通量测序结果进行数据整理分析，共获得152个病毒相关的Contings，包含Partitiviridae（5%）、Narnaviridae（78%）、Hypoviridae（1%）、Benyviridae（3%）和Ourmiavirus（2%）5个不同的科以及一些分类地位尚不明确的病毒，这些病毒的核酸类型包含dsRNA病毒、+ssRNA病毒、-ssRNA病毒和一些未分类的RNA病毒。这是首次围绕引起甜菜根腐病的丝核菌中携带真菌病毒开展的相关研究。

关键词：甜菜根腐病；丝核菌；高通量测序；真菌病毒；多样性

---

* 基金项目：国家甜菜产业技术体系-甜菜病害防控（项目号：CARS-170304）

** 第一作者：赵灿，博士后，主要从事丝核菌对杀菌剂的抗性机制及真菌病毒的研究；E-mail：543954316@qq.com

*** 通信作者：吴学宏，教授，主要从事植物病原真菌种类鉴定及其遗传多样性研究；E-mail：wuxuehong@cau.edu.cn

中国东部季风区灰飞虱种群遗传结构及种群历史*

Population Genetic Structure and Demography History of *Laodelphax striatellus* in the Monsoon Region of China

姜　珊**，韩　蕾，朱可心，张景童，王明明，王兴亚***
（沈阳农业大学植物保护学院，沈阳　110866）

灰飞虱 *Laodelphax striatellus* 是我国水稻主产区危害较大的农业害虫，已给我国水稻生产造成严重的经济损失。为了有效控制该种害虫，笔者对我国灰飞虱种群遗传多样性、遗传结构和种群历史动态进行了深入研究。本研究利用 9 个微卫星位点在中国季风区灰飞虱 48 个种群中所提供的多态信息含量较为丰富，48 个灰飞虱种群中遗传多样性较高（Na = 6.173，Ne = 3.638，Ho = 0.540，He = 0.628），山东长岛（CD2015）种群具有最高平均等位基因数 11.556，其中，辽宁开原（KY）种群的平均等位基因数最低 2.889。灰飞虱种群的杂合度处于中等水平，其中，辽宁东港（DG2014）、山东长岛（CD2015）、江苏盐城（DF）和河南周口（ZK）种群表现出较高的杂合度缺失（$F_{IS}>0$），辽宁沈阳种群（SY12）和辽宁沈阳种群（SY13）种群表现出杂合度过剩（$F_{IS}<0$）。大部分种群各位点未偏离哈迪-温伯格平衡。吉林市（JL）和辽宁开原（KY）种群与其他所有种群间的遗传分存在明显的遗传分化。Nei's 遗传距离系统树、贝叶斯聚类分析及 PCoA 分析结果表明，48 个地理种群理论分为 6 组，分别为辽宁沈阳（SY12、SY13、SY14）组，吉林市（JL）组，河南周口（ZK）和浙江嘉兴（JX）组，辽宁盘锦（PJ）组，辽宁开原（KY）组和其他组。AMOVA 分歧分析表明，中国东部季风区灰飞虱的遗传变异主要来源于种群内部（73%），种群间的遗传变异水平相对较低（27%）。IBD 分析结果表明，遗传分化与地理距离间不存在相关性（R^2 = 0.039 7，P = 0.020）。Bottleneck 瓶颈效应分析表明，26 个灰飞虱种群可能近期经历了瓶颈效应。本研究为灰飞虱的有效控制提供了理论依据。

关键词：灰飞虱；遗传分化；遗传结构；微卫星；迁飞

---

* 资助项目：国家重点研发计划项目（2018YFD0200200）；国家自然科学基金项目（31871950）
** 第一作者：姜珊，硕士研究生，研究方向为昆虫生态；E-mail：1395852189@ qq. com
*** 通信作者：王兴亚；E-mail：wangxingya20081@ 163. com

小菜蛾氯虫苯甲酰胺抗性相关基因的转录组学分析*

Transcriptomic Analysis of Differentially Expressed Genes between Chlorantraniliprole Susceptible and Resistant Strains of *Plutella xylostella* (L.)

朱　斌**，梁　沛***

（中国农业大学植物保护学院，北京　100193）

小菜蛾（*Plutella xylostella* L.）属鳞翅目菜蛾科，是世界范围内十字花科类植物的重要害虫。由于长期依赖化学防治，小菜蛾已经成为目前抗药性较严重的害虫。对其抗药性机制的研究是提高防治效果、减少农药用量的重要提前。先前的研究已经发现，氯虫苯甲酰胺作用靶标——鱼尼丁受体（Ryanodine receptor，RyR）的突变是小菜蛾对氯虫苯甲酰胺产生抗性的重要原因，此外，多个解毒代谢基因也被证明参与调控了小菜蛾对氯虫苯甲酰胺的抗性。本研究采用转录组测序的方法，对小菜蛾敏感品系（CHS）和2个氯虫苯甲酰胺抗性品系（CHR和ZZ）间的差异表达基因进行了系统的鉴定。在小菜蛾敏感品系（CHS）和室内连续筛选的抗性品系（CHR）间共鉴定到了573个差异表达的基因；在小菜蛾敏感品系（CHS）和氯虫苯甲酰胺田间抗性品系（ZZ）间共鉴定到了839个差异表达的基因。鱼尼丁受体（RyR）基因在CHR和ZZ中均上调表达，此外还鉴定到了一些解毒代谢相关的基因，包括细胞色素P450（Cytochrome P450，CYP）、酯酶（esterase）和谷胱甘肽*S*-转移酶（glutathione *S*-transferase，GST）等。利用RNA干扰的方法，在小菜蛾室内抗性品系（CHR）中，沉默*CYP6BG5*基因的表达后，小菜蛾对氯虫苯甲酰胺的敏感度显著提升，推断*CYP6BG5*参与介导了小菜蛾对氯虫苯甲酰胺的抗性。通过上述研究，系统的鉴定到了一批潜在参与小菜蛾氯虫苯甲酰胺抗性的基因，并利用RNA干扰的方法，初步证明了*CYP6BG5*参与了小菜蛾对氯虫苯甲酰胺的抗性。研究结果对深入阐明氯虫苯甲酰胺抗性的分子机制及有效治理氯虫苯甲酰胺抗性小菜蛾具有积极的理论和实践意义。

关键词：小菜蛾；氯虫苯甲酰胺；转录组测序；抗药性

---

* 资助项目：国家自然科学基金（31572023；31772186）和中国博士后科学基金（2018M641546）

** 第一作者：朱斌，博士后，从事昆虫毒理学研究；E-mail：zhubin1215@ 126. com

*** 通信作者：梁沛，教授；E-mail：liangcau@ cau. edu. cn

二穗短柄草富含亮氨酸重复受体样激酶 *BdRLK*1 正向调控寄主对禾谷镰孢菌的免疫抗性*

The *Brachypodium* Leucine-rich Repeat Receptor-like Kinase *BdRLK*1 Positively Modulates Host Immune Response to *Fusarium graminearum*

朱耿锐**，刘慧泉，许金荣***

（西北农林科技大学，旱区作物逆境生物学国家重点实验室，

西农—普渡联合研究中心，杨凌　712100）

禾谷镰孢菌（*Fusarium graminearum*）引起的小麦赤霉病是禾谷类作物上的主要病害，严重地威胁着世界粮食安全。对禾谷镰孢菌致病机理的研究将会为控制小麦赤霉病提供理论依据。二穗短柄草（*Brachypodium distachyon*）作为新兴的单子叶模式生物，为研究寄主-病原菌互作以及植物病原菌致病机理提供了巨大便利。受体样激酶是植物中最大的受体家族，在识别病原相关分子模式和调节植物对侵袭性真菌（包括谷物对真菌疾病的防御）的免疫反应方面发挥着重要作用。但迄今为止，针对受体样激酶在二穗短柄草对禾谷镰孢菌的免疫调控机制还不清楚。本研究利用 RNA-Seq 高通量测序技术对处于互作阶段的寄主（二穗短柄草）和病原菌（禾谷镰孢菌）的转录组进行了系统性剖析，并由此发现 1 个禾谷镰孢菌侵染上调表达的兴趣基因 *BdRLK*1。随后，qPCR 结果进一步验证了 *BdRLK*1 受禾谷镰孢菌侵染上调表达。二穗短柄草原生质体亚细胞定位显示 BdRLK1 定位在质膜上。瞬时过表达 *BdRLK*1 基因明显引起烟草的过敏反应（HR）。病毒诱导的基因沉默实验（VIGS）确定了 *BdRLK*1 基因对禾谷镰孢菌的抗性作用。除此之外，笔者将通过构建过表达和基因敲除转基因体系进一步解析 *BdRLK*1 基因对禾谷镰孢菌侵染二穗短柄草中的调控机制。综上所述，笔者的研究表明 *BdRLK*1 受体激酶是作物抗赤霉病的重要组成部分，并强调该基因是增强禾谷类作物对禾谷镰孢菌疾病抗性的靶点。

关键词：二穗短柄草；*BdRLK*1；禾谷镰孢菌；植物—真菌互作；植物免疫

---

* 资助项目：陕西省科技新星项目（2017KJXX-77）

** 第一作者：朱耿锐，博士后，从事作物真菌学和植物免疫方向的研究；E-mail：zhugary2010@126. com

*** 通信作者：许金荣，教授；E-mail：jinrong@ nwsuaf. edu. cn

寄主诱导的基因沉默技术提高棉花对黄萎病的抗性[*]

Host-induced Gene Silencing Improves the Resistance Against Verticillium Wilt in Cotton

苏晓峰[**]，郭惠明，陆国清，程红梅[***]

（中国农业科学院生物技术研究所，北京 100081）

由大丽轮枝菌（*Verticillium dahliae*）引起的棉花黄萎病（Verticillium Wilt of cotton）是一种土传维管束病害，严重威胁着棉花产量和棉纤维质量，被称为“棉花癌症”。大丽轮枝菌基因组信息的发布及寄主诱导的基因沉默（Host-Induced Gene Silencing，HIGS）等技术的快速发展，极大地促进了病原菌致病关键基因的分离、鉴定和功能分析，为培育高抗黄萎病的棉花新品种提供了更为丰富的基因资源。本研究建立了一套针对高致病力大丽轮枝菌菌株 V991 的 HIGS 体系，用于大规模筛选病原菌致病和生长发育的关键基因。采用同源替换技术将病原菌候选基因进行敲除，深入研究其生物学功能；构建针对候选基因的 RNAi（RNA interference）质粒并转化植物，通过表型分析和分子生物学手段评估转基因植物的抗性水平。利用此体系，已构建 126 个含有靶标基因的 HIGS 质粒，病原菌体内的靶标基因被沉默后，植株的病情指数显著降低，从中筛选获得 20 个与病原菌致病力密切相关的基因。这些基因主要参与了大丽轮枝菌糖代谢、碳代谢、能量代谢和蛋白质代谢等多个代谢途径。对其中部分基因的生物学功能进行深入研究，发现寡糖基转移酶 STT3 亚基基因涉及糖代谢通路，在孢子萌发过程中发挥重要作用，将其敲除突变后，与野生型和回补体相比，突变体碳源吸收利用能力、菌丝体发育、产孢能力和糖蛋白的分泌能力受到了明显抑制，从而导致孢子在根部的萌发能力以及致病力显著下降；ADP-ATP 载体蛋白（AAC）基因是病原菌能量代谢过程中的关键酶，将其敲除突变后，引起与能量代谢相关的基因的表达明显提高，突变体孢子的萌发能力、抗逆能力以及致病力显著低于野生型和回补体。随后，针对这些基因构建了 RNAi 干扰质粒并转化烟草，获得的转基因植物病情指数以及真菌生物量显著下降，明显提高了对大丽轮枝菌的抗性。目前已将上述质粒转化棉花，进行进一步的抗病性验证。本研究建立的 HIGS 体系，可以更加直接地观察植株与真菌互作和快速的筛选致病关键基因；*AAC* 和 *STT3* 基因可作为潜在的候选基因，培育高抗黄萎病的转基因棉花。

关键词：棉花黄萎病；大丽轮枝菌；HIGS；抗病品种

---

* 资助项目：国家自然科学基金（31772244 和 31701861）；国家公益性行业（农业）科研专项（201503109）

** 第一作者简介：苏晓峰，副研究员，研究方向为病原菌致病机理解析；E-mail：suxiaofeng@caas.cn

*** 通信作者：程红梅，研究员，博士生导师，研究方向为植物基因工程；E-mail：chenghongmei@caas.cn

麦棉间作对棉花蚜虫—寄生蜂食物网结构的影响*

The Effect of Wheat-Cotton Intercropping on Cotton Aphid-Parasitoid Food Web Structure

杨 帆**，朱玉麟，刘 冰，陆宴辉***

（中国农业科学院植物保护研究所，植物病虫害生物学国家重点实验室，北京 100193）

如何通过优化种植结构，合理布局间作套种模式，来提升天敌昆虫的生态服务功能，增加作物产量，一直是农业科学研究的焦点，具有重要的理论和实践应用价值。麦棉间作是华北地区传统的耕作模式，能够有效增加棉田捕食性天敌昆虫种群数量、控制棉蚜种群发生，但对寄生性天敌发生及控害缺乏研究。本文于 2016 年和 2017 年在华北地区，利用多重 PCR 分子检测技术，从僵蚜样品中获得蚜虫和寄生蜂物种信息，构建间作/单作模式下棉蚜—初级寄生蜂—重寄生蜂定量食物网并计算常用食物网参数，系统评价基于田块水平的麦棉间作模式对棉田蚜虫寄生蜂物种多样性、丰富度及寄生作用的影响。研究发现在棉花苗期，棉田蚜虫种群数量呈先上升后逐步下降的趋势，间作棉田中活蚜（2016 年和 2017 年）和僵蚜密度（2016 年）均显著低于单作棉田，但两种模式下的蚜虫被寄生率无显著差异。另外，两年研究均发现间作棉田重寄生蜂群落结构多样性（Shannon-Wiener index，*H'*）要显著高于单作棉田，优势集中性指数（Simpson，*C*）显著低于单作棉田，而均匀性指数（Pielou's eveness index，*J*）仅在 2017 年显著高于单作田；2017 年间作棉田初级寄生蜂的群落特征指数呈现与重寄生蜂相似规律。食物网关系分析结果表明，间作和单作模式下棉蚜—初级寄生蜂、初级寄生蜂—重寄生蜂食物网结构参数：如嵌套性 Weighted nestedness（WN_q），普遍性 Generality（G_q），易损性 Vulnerability（V_q），连接密度 Linkage density（LD_q），连通性 Weighted connectance（WC_q），互作均匀性 Interaction eveness（*I. E.*）均无显著差异。结果表明，麦棉间作模式可显著提高棉田僵蚜密度和重寄生蜂多样性，但间作模式对控蚜作用（寄生率）、蚜虫—寄生蜂食物网结构的影响并不明显，这可能主要与小麦、棉花蚜虫及初级寄生蜂种类组成差异大有关。本研究揭示了麦棉间作模式对棉田蚜虫寄生蜂多样性、食物网结构及其生物控害作用的影响，系统认识麦棉间作模式下天敌发生与控害规律提供了科学依据。

关键词：麦棉间作；棉蚜；寄生蜂；生物防治；食物网结构；分子检测

---

* 资助项目：国家自然科学基金项目（31621064）

** 第一作者：杨帆，博士后，研究方向为农业昆虫与害虫防治；E-mail：evelynyangfan@ 163. com

*** 通信作者：陆宴辉；E-mail：yhlu@ ippcaas. cn

稻田常用化学农药对克氏原螯虾的急性毒性效应研究

Acute Toxicity of Common Pesticides Applied in the Rice Field to *Procambarus clarkia*

朱宏远，蔡万伦，林　倩，黄撷璇，赵景，华红霞
（湖北省昆虫资源利用与持续性治理重点实验室，华中农业大学植物科技学院，武汉　430070）

为了给稻虾综合种养模式下的稻田合理用药提供依据，参考 GB/T 31270.21—2014《化学农药环境安全评价试验准则》，利用改进的静水法水生生物急性毒性实验方法，对 Bt 原药、高氯-甲维盐商品制剂、烯啶虫胺原药、阿维菌素原药、苦参碱母药、0.5%藜芦碱商品制剂开展了克氏原螯虾幼虾（3cm 体长）急性毒性评估。结果表明，Bt、烯啶虫胺，以及苦参碱对小龙虾表现为低毒，依次为>10 000mg/L，1 421.41mg/L，11.762mg/L。这三类药剂可以按推荐剂量，完全放心用于防治稻虾田中螟虫与飞虱。阿维菌素对小龙虾的 96h LC_{50}为 0.96mg/L，属于高毒药剂，仅仅只能在稻田水与虾沟水分隔的情况下严格按推荐剂量使用。高氯甲维盐以及藜芦碱商品制剂对小龙虾表现为剧毒（$<9\times10^{-7}$mg/L），应严禁在稻虾田中使用。

关键词：克氏原螯虾；烯啶虫胺；阿维菌素；急性毒性；安全质量浓度

白花鬼针草入侵对杂草群落多样性的影响*

Effects of the Invasion of *Bidens alba* on Weed Community Diversity

岳茂峰，尹爱国，周 天，程水明，马 超，陆 燕
（广东石油化工学院生物与食品工程学院，茂名 525000）

白花鬼针草 *Bidens alba*（L.）DC. 为菊科鬼针草属一年生或多年生草本植物，原产于热带美洲，现在广泛分布于世界各地的热带和亚热带地区。目前，白花鬼针草在我国华南地区广泛入侵，成为华南地区危害较严重的入侵植物，在广东湛江、茂名、阳江等地危害尤为严重。为明确白花鬼针草入侵对杂草群落多样性的影响，于 2019 年 4—5 月对广东茂名市白花鬼针草入侵地进行杂草群落调查。本研究共计调查了 100 个样方，包括 50 个有白花鬼针草入侵的实验样方和 50 个无白花鬼针草入侵的对照样方。调查每个样方内的杂草的种类、密度、盖度和高度。通过每种杂草的相对盖度、相对高度、相对密度和相对频度，计算出每种杂草的重要值。根据每种杂草的重要值计算出每个样方内杂草群落的 Simpson 优势度指数、Shannon 多样性指数和 Pielou 均匀度指数，并对白花鬼针草的盖度、高度、密度、重要值与 3 个多样性指数进行相关性分析。研究结果表明，白花鬼针草入侵的试验样方中的杂草种类显著低于无白花鬼针草的对照样方。曲线拟合表明，白花鬼针草的重要值、密度和盖度与 Simpson 优势度指数呈正相关，与 Shannon 多样性指数负相关，这表明白花鬼针草入侵将显著降低杂草群落多样性，白花鬼针草的密度和盖度是影响杂草群落多样性的主要因素。白花鬼针草在华南地区的暴发成灾机制值得进一步关注。

关键词：入侵植物；白花鬼针草；杂草群落；多样性指数

* 资助项目：广东省纵向协同项目（KJ30）；广东石油化工学院人才引进项目（2018RC58）

苦参碱对3种稻飞虱的急性毒力测定

Acute Toxicity of Matrine on Three Rice Planthoppers

王东东，赵　景，蔡万伦，华红霞
（湖北省昆虫资源利用与持续性治理重点实验室，华中农业大学植物科技学院，武汉　430070）

稻飞虱是为害水稻的主要害虫，在我国主要稻区均有发生，对水稻生产带来严重损失。长期单一的使用化学农药已导致稻飞虱对多种药剂产生不同程度的抗药性，植物源农药替代是解决飞虱抗药性一个重要途径。本研究采用点滴法进行了苦参碱对稻飞虱四龄若虫的室内毒力测定，意在为后续大田应用及试验提供数据基础。结果表明：苦参碱对供试的三种稻飞虱具有触杀活性，且死亡率在24 h后趋于稳定。其中，苦参碱对褐飞虱的毒力最高，在48 h时的LD_{50}为1.242 mg/g，白背飞虱和灰飞虱分别为1.294mg/g和2.776 mg/g；在相同时段内，灰飞虱对苦参碱浓度的变化反应最强，在48 h时其坡度最高，致死量标准差S为2.104，小于2.439（白背飞虱）和3.038（褐飞虱）。上述结果表明，苦参碱能作为一种替代措施在水稻生产上防治3种稻飞虱。

关键词：苦参碱；稻飞虱；毒力；半致死剂量

新烟碱类杀虫剂吡虫啉在农区人群中的暴露特征研究*

Exposure Characteristics of Neonicotinoid Imidacloprid among Rural Human Beings

陶　燕[1,2**]，董丰收[1]，刘新刚[1]，徐　军[1]，吴小虎[1]，
贾春虹[2]，赵尔成[2]，郑永权[1 ***]
（1. 中国农业科学院植物保护研究所，植物病虫害生物学国家重点实验室，北京　100193；
2. 北京市农林科学院植物保护环境保护研究所，农药与农田环境研究室，北京　100097）

新烟碱类杀虫剂目前已成为杀虫剂市场份额最大的品种，吡虫啉是农区果园用量最大的新烟碱类杀虫剂。施药者在喷施作业时健康安全意识相对差，往往缺少适当的防护措施，而居住地毗邻农区的居民，会通过饮食摄入、空气吸入及皮肤接触等途径间接暴露于吡虫啉。为了对农区人群的吡虫啉暴露状况进行健康风险评价，本研究探究了我国农区果园周围人群中吡虫啉的暴露特征，揭示了施药前后尿液中吡虫啉的暴露差异及代谢规律，初步得到如下结果：通过对河南典型果园区的 119 户果园种植家庭进行调研，主要包括果园施药者（119 人）及家庭成员（156 人），另外选取了毗邻果园区的幼儿园儿童（247 人），及城区居民（42 人）和儿童（53 人）作为对照人群，共计 617 位志愿者，采集到果园施药前后尿液样本共计 1 926 份。采用高灵敏度的 UPLC-TQS 分析仪器建立了吡虫啉及代谢物 6-氯烟酸（6-CNA）在尿液中的分析测定方法，该方法线性良好（$R^2 \geq$ 0.9929），平均回收率为 78.3%～110.6%，变异系数（RSD）均 ≤ 8.0%，定量限（LOQ）为 0.029～0.038 ng/mL。利用该方法对所有尿液样本中吡虫啉和 6-CNA 的含量进行了测定，为了消除个体差异，并采用尿肌酐值进行浓度校正。结果表明：目标物在尿液样本中 100%被检出；施药后，农区居民尿液中目标物的浓度显著升高，在 2d 时达到最高值，之后随着时间延长逐渐降低，农区居民尿液中目标物浓度均高出城区居民的浓度值；不同性别施药者及居民吡虫啉暴露环境大体相同，女性尿液中目标物浓度值略高；农区青少年和老年人暴露浓度相对较高；农区儿童暴露浓度显著高于城区儿童，GM 值相差 3.30～4.49 倍；年龄越小的儿童暴露风险越高；不同村庄人群暴露浓度不同，GM 值相差 1.13～3.28 倍。由此表明毗邻果区人群处于较高的吡虫啉暴露水平，可能导致潜在健康风险，需关注新烟碱类农药对人体健康的影响。本研究为农区人群吡虫啉暴露的健康风险评估提供了重要数据支撑，为如何降低毗邻农区的人群暴露风险工作提供了重要参考。

关键词：新烟碱类；吡虫啉；农药；暴露；农药暴露

---

* 资助项目：国家重点研发计划（2016YFD0200204）

** 第一作者：陶燕，博士后，从事农药残留与环境行为方向的研究；E-mail：taoyan198910@163.com

*** 通信作者：郑永权，研究员；E-mail：yqzheng@ippcaas.cn

蚜虫报警信息素（E）-β-farnesene的生物活性和作用机制研究进展*

Research Progress on Bioactivity and Mechanism of Aphid Alarm Pheromone（E）-β-Farnesene

秦耀果[1,2**]，杨朝凯[1]，凌　云[1]，陈巨莲[2]，段红霞[1]，杨新玲[1***]

（1. 中国农业大学理学院 应用化学系，北京　100193；

2. 中国农业科学院植物保护研究所，植物病虫害生物学国家重点实验室，北京　100193）

1　前言

蚜虫俗称腻虫或蜜虫，属昆虫纲中的半翅目，是一类危害十分严重的农业害虫，具有种类众多、繁殖迅速、寄主广泛、世代重叠、数量巨大和易产生抗药性等特点。蚜虫为刺吸式口器害虫，主要通过吸食植物汁液、分泌蜜露和传播病毒带来危害，世界上大约有5 000种蚜虫以农作物为取食对象并造成危害，每年由蚜虫为害带来的损失达到数百万美元[1]。目前蚜虫的防治过度依赖传统杀虫剂，造成了环境污染，对人畜、天敌等非靶标生物不安全等严重后果，且随着传统杀虫剂抗性及残留问题的加重，更是引起全球各界人士的关注[2-3]。因此，开发新型生态友好的蚜虫控制剂迫在眉睫[4]。以生态学为基础，充分利用蚜虫自身分泌的具有调控功能的信息素已经成为蚜虫防治的重要策略[5-6]。

蚜虫自身分泌的信息素主要有性信息素（sex pheromone）和报警信息素（alarm pheromone）。蚜虫性信息素具有专一性，对组分的纯度和比例要求很苛刻，些微的变化都可能使其失去引诱活性，其应用研究仍停留在理论水平[7]。

蚜虫报警信息素是蚜虫受到外界干扰后从腹管分泌的微滴气味物质，能对同种其他个体产生报警作用，使其迅速逃离现场，从而停止侵害作物。其主要成分为（E）-β-farnesene，简称EBF。将EBF与杀蚜剂混用，可增加蚜虫接触药剂的时间，增大蚜虫与杀虫剂的接触概率，有效降低杀虫剂的用量，有利于环境保护、食物安全及天敌保护[8-9]。

2　EBF的发现及生物活性研究

2.1　EBF的发现

1891年和1958年，Büsgen[10]和Dixon[11]分别发现，当蚜虫被天敌攻击时，会从特殊

* 资助项目：国家重点研发计划（2017YFD0200504；2017YFD0201701）；国家自然科学基金（31371946；31871966；31772207；31071717）；中国博士后科学基金项目（2018M631646）

** 第一作者：秦耀果，博士后，从事昆虫信息素合成及作用机制方向的研究；E-mail：qinyg1018@163.com

*** 通信作者：杨新玲，教授；E-mail：yangxl@cau.edu.cn

结构即腹管分泌液滴。这种油状液滴可以通过粘住捕食者或天敌的头、四肢及尾翼等部位，从而起到保护自身的作用，并使它们成为移动的报警信号，从而使同类其他蚜虫能及时作出反应逃离危险之地[10,12-13]。液滴的主要成分被称为蚜虫报警信息素，它能对同种其他个体产生报警反应，促使蚜虫从栖息地逃离或掉落，迅速逃离现场，从而停止对作物的侵害[14-15]，而被动接收报警信息素的蚜虫不会释放额外的报警信息素来扩大报警信号[16]。1972 年，Bowers 和 Edwards 等[17-18]首次从蚜虫体内分离出报警信息素，并鉴定出该化合物的主要成分为倍半萜类的（E）-7，11-二甲基-3-亚甲基十二烷-1，6，10-三烯（1，（反）-β-法尼烯，（E）-β-farnesene，简称 EBF）。

Francis 等[19]对 23 种蚜虫的报警信息素进行了研究。结果表明，EBF 是其中 16 种蚜虫报警信息素的主要或唯一成分，有 5 种蚜虫的报警信息素中 EBF 含量很少，而在桦绵斑蚜 *Euceraphis punctipennis* 和悬铃木蚜虫 *Drepanosiphum platanoides* 中未检测到 EBF。另有研究发现，只有少数蚜虫报警信息素的主要成分为大根香叶烯 A（2，germacrene A）及 α-蒎烯（3，α-pinene）等，但这几种报警信息素对其他种类蚜虫没有报警活性[20-23]。这说明 EBF 是大多数蚜虫报警信息素的主要成分或唯一成分[18-23]，如豌豆蚜 *Acyrthosiphon pisum*、桃蚜 *Myzus persicae* 和荻草谷网蚜 *Sitobion avenae* 等。

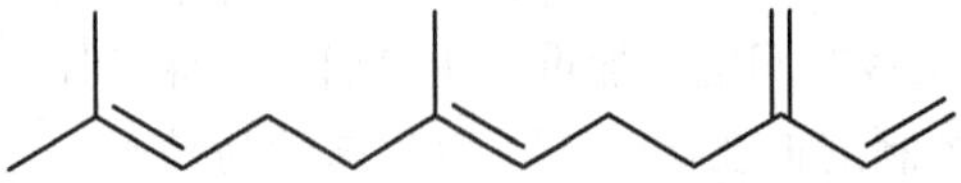

1 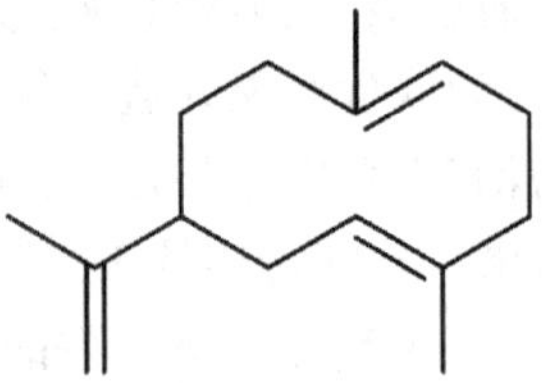　　2 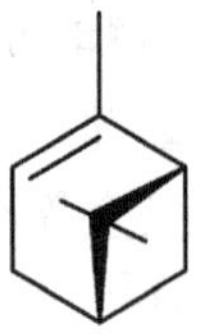　　3

2.2　EBF 的生物活性

对于蚜虫报警信息素 EBF 的生物活性，科研工作者已进行了较全面的研究，除报警活性外，EBF 还具有其他多重生物活性，如杀蚜活性、吸引天敌、增效作用、影响变态发育以及调控有翅蚜比例等活性。

2.2.1　报警活性

EBF 的释放能对周围其他蚜虫产生报警作用，且 EBF 在蚜虫体内的产生途径与其保幼激素的产生途径相关，因此 EBF 的释放会影响蚜虫自身的生长、发育及繁殖，这种影响对蚜虫自身是不可逆的[24-26]。当蚜虫受到天敌攻击时，其释放 EBF 的量与周围蚜虫的种类有关。Robertson 等[27]研究发现，当豌豆蚜 *A. pisum* 受到天敌攻击时，其在同种基因型种群时释放的 EBF 要多于其在不同种基因型种群。研究表明，蚜虫若虫对报警信息素的反应弱于成虫，可能是由于若虫停止取食的代价比成虫大，当蚜虫的食物来源比较贫瘠时其作出报警反应的可能性也会减小[28]。张钟宁等[29]发现，EBF 对桃蚜 *M. persicae* 的驱避效果极显著，触角电位结果显示，桃蚜成蚜对 EBF 的电生理反应比若蚜敏感。Montgomery 等[30]对 14 种蚜虫进行的 EBF 行为试验结果表明：用 EBF 驱避 50%蚜虫的最小剂量在 0.02~100 ng，其中麦二叉蚜 *Schizaphis graminum*（Rondani）对 EBF 最为敏感。此外，一些蚜虫与蚂蚁有互利关系，它们产生的报警信息素能够吸引蚂蚁来攻击自己的天敌，这类蚜虫对报警信息素的反应也会减弱[31-32]。以上这些现象说明，蚜虫的报警行为受自身的生理条件和周围环境2种因素的影响，它们会在分散、逃避与继续取食之间进行代价权衡，由此决定要做出什么反应。

2.2.2 杀蚜活性

EBF在高浓度下对蚜虫有杀虫活性。VAN等发现，EBF在高浓度（100 ng/蚜虫）下，对甜菜蚜 *Aphis fabae* 和桃蚜 *M. persicae* 有明显的毒杀作用[25]。杨新玲等发现，EBF在高浓度下对多种蚜虫均表现出杀虫活性，如在600 μg/mL质量浓度下，EBF对5日龄黑豆蚜 *Aphis craccivora* Koch的致死率达94%[33a]，在300 μg/mL和150 μg/mL下，对桃蚜 *M. persicae* 的致死率分别达到65.3%和53.7%[33b]，在300 μg/mL下对大豆蚜 *A. glycines* 的致死率为65.1%[33c]。

2.2.3 吸引天敌

EBF不仅能对同种蚜虫释放危险信号，起到报警作用，而且还可以作为天敌捕食或者寄生的信号。如EBF作为利它素可以吸引蚜虫的天敌。Abassi等[34]和Francis[35]等研究了EBF对蚜虫天敌瓢虫的诱导活性，结果表明，EBF可以诱导瓢虫定位蚜虫。EBF还可以诱导黑带食蚜蝇 *Episyrphus balteatus*、菜蚜茧蜂 *Diaeretiella rapae*（McIntosh）、乌兹别克蚜茧蜂 *Aphidius uzbekistanicus* 和步甲 *Pterostichus melanarius* Illiger等定位并捕食蚜虫，并对天敌黑带食蚜蝇的产卵行为具有调节作用[36-40]。蚜虫天敌寄生蜂还可以利用EBF作为寻找寄主植物的信号[41]。近年来，研究人员开始利用转基因技术，将EBF合成基因导入植物当中。Beale等[42]发现，转基因拟南芥释放的EBF不仅可以吸引天敌蚜茧蜂，并且在一定程度上能防治蚜虫。YU等[43]发现，将EBF合成基因转入作物马铃薯中，转基因的马铃薯释放的EBF，虽不能显著地驱避蚜虫，但可以有效地吸引天敌草蛉。英国洛桑研究所Bruce等将EBF合成基因转入小麦作物，纯的EBF得以从小麦中持续被释放，虽然室内生物活性测定表明这种转基因小麦可以驱避蚜虫，并增加天敌寄生蜂的取食行为，但田间试验结果表明，转基因小麦并不能减少蚜虫数量和增加天敌[44]。

2.2.4 其他生物活性

EBF还具有其他生物活性。Phelan等[45]研究发现，EBF不仅可以减少有翅蚜虫刺吸植物汁液，而且可以增加其在寄主植物上的活动时间。喷射含有EBF的气体，桃蚜 *M. persicae* 定居种群中蚜虫移动和蚜虫骚动的百分比均上升[46]。EBF与商品化药剂混用防治蚜虫时，可以作为增效剂，增加蚜虫在作物上与药剂的接触时间和接触概率，从而提高防治蚜虫的效果[9,47-48]。EBF还具有类似于保幼激素Ⅲ的功能，影响昆虫变态发育[49]。另有研究发现，EBF能够影响基因表达[50]，调控蚜虫有翅蚜与无翅蚜的比例，还能够调节蚜虫的繁殖，减轻蚜虫的体重，对后代有翅蚜发育产生影响[51-53]。

3 结语与展望

与传统杀蚜剂相比，蚜虫报警信息素的优势在于无毒、低量高效及专一性强，因而对环境更加安全，符合生态友好的需求，但是天然报警信息素稳定性差和成本高等问题也限制了其实际应用。因此，通过对天然蚜虫报警信息素（EBF）分子进行结构修饰和改造，以期能够保持天然的蚜虫报警信息素生物活性并提高其稳定性。EBF在蚜虫的综合防治方面具有良好的应用前景，加强对该类化合物的研究显得尤为必要。

参考文献

[1] BUSHRA S, TARIQ M. How aphid alarm pheromone can control aphids: a review [J]. Arch Phytopathol Plant Prot, 2014, 47 (13): 1563-1573.

[2] Mitchell E A D, Mulhauser B, Mulot M, *et al.* A worldwide survey of neonicotinoids in honey [J]. Science, 2017, 358 (6359): 109-111.

[3] WANG K, ZHANG M, HUANG Y N, *et al.* Characterisation of imidacloprid resistance in the bird cherry-oat aphid, *Rhopalosiphum padi*, a serious pest on wheat crops [J]. Pest Manage Sci, 74 (6): 1457-1465.

[4] TIAN P Y, LIU D Y, LIU Z J, *et al.* Design, synthesis, and insecticidal activity evaluation of novel 4- (N, N-diarylmethylamines) furan-2 (5H) -one derivatives as potential acetylcholine receptor insecticides [J]. Pest Manag Sci, 2019, 75 (2): 427-437.

[5] DEWHIRST S Y, PICKETT J A, HARDIE J. Aphid pheromones [J]. Vitam Horm, 2010, 83: 551-574.

[6] 王香萍，王信星，王晓波，等．张钟宁文选 [M]. 北京：科学出版社，2014：204-210.

[7] 向余劲攻，张广学，张钟宁．蚜虫性信息素 [J]. 昆虫学报，2001，44 (2)：235-243.

[8] GRIFFITHS D C, PICKETT J A. A potential application of aphid alarm pheromones [J]. Ent Exp & Appl, 1980, 27 (2): 199-201.

[9] 张钟宁．蚜虫报警信息素与农药混用在防治蚜虫上的应用前景 [C]. 北京昆虫学会成立四十周年学术讨论会论文摘要汇编，1990：119-120.

[10] BÜSGEN M. Der HONIGTAU: Biologische studien an pflanzen und pflanzenlaüsen [M]. G. Fischer, 1891.

[11] DIXON A F G. The escape responses shown by certain aphids to the presence of the coccinellid *Adalia decempunctata* (L.) [J]. Trans Royal Entomol Soc Lond, 2009, 110 (11): 319-334.

[12] BUTENANDT V A. Über den sexsual - lockstoff des seidenspinners Bombyx mori [J]. Reindarstellung und konstitution. Z. Naturforschg, b, 1959, 14: 283.

[13] CALLOW R K, GREENWAY A R, GRIFFITHS D C. Chemistry of the secretion from the cornicles of various species of aphids [J]. J Insect Physiol, 1973, 19 (4): 737-748.

[14] KISLOW C J, EDWARDS L J. Repellent odour in aphids [J]. Nature, 1972, 235 (5333): 108-109.

[15] PICKETT J A, WADHAMS L J, WOODCOCK C M, *et al.* The chemical ecology of aphids [J]. Annu Rev Entomol, 1992, 37 (1): 67-90.

[16] MONDOR E B, ROITBERG B D. Inclusive fitness benefits of scent - marking predators [J]. Proc R Soc Lond B, 2004, 271 (suppl_ 5): S341-343.

[17] BOWERS W S, NAULT L R, WEBB R E, *et al.* Aphid alarm pheromone: isolation, identification, synthesis [J]. Science, 1972, 177 (4054): 1121-1122.

[18] EDWARDS L J, SIDDALL J B, DUNHAM L L, *et al.* Trans-β-farnesene, alarm pheromone of the green peach aphid, *Myzus persicae* (Sulzer) [J]. Nature, 1973, 241 (5385): 126-127.

[19] FRANCIS F, VANDERMOTEN S, VERHEGGEN F, *et al.* Is the (E) -β-farnesene only volatile terpenoid in aphids? [J]. J Appl Entomol, 2005, 129 (1): 6-11.

[20] BOWERS W, NISHINO C, MONTGOMERY M, *et al.* Sesquiterpene progenitor, germacrene A: an alarm pheromone in aphids [J]. Science, 1977, 196 (4290): 680-681.

[21] NISHINO C, BOWERS W S, MONTGOMERY M E, *et al.* Alarm pheromone of the spotted alfalfa aphid, *Therioaphis maculata* Buckton (Homoptera: Aphididae) [J]. J Chem Ecol, 1977, 3 (3): 349-357.

[22] GIBSON R W, PICKETT J A. Wild potato repels aphids by release of aphid alarm pheromone [J]. Nature, 1983, 302 (5909): 608-609.

[23] PICKETT J A, GRIFFITHS D C. Composition of aphid alarm pheromones [J]. J Chem Ecol, 1980, 6 (2): 349-360.

[24] GUT J, VAN OOSTEN A M, HARREWIJN P, *et al.* Additional function of alarm pheromones in developmental processes of aphids [J]. Agric Ecosyst Environ, 1988, 21 (1-2): 125-127.

[25] VAN O A M, GUT J, HARREWIJN P, *et al.* Role of farnesene isomers and other terpenoids in the development of different morphs and forms of the aphids Aphis fabae and *Myzus persicae* [J]. Acta Phytopathol Entomol Hung, 1990, 25: 331-342.

[26] MONDOR E B, ROITBERG B D. Age-dependent fitness costs of alarm signaling in aphids [J]. Can J Zool, 2003, 81 (5): 757-762.

[27] ROBERTSON I C, ROITBERG B D, WILLIAMSON I, *et al.* Contextual chemical ecology: an evolutionary approach to the chemical ecology of insects [J]. Am Entomol, 1995, 41 (4): 237-240.

[28] DILL L M, FRASER A H G, ROITBERG B D. The economics of escape behaviour in the pea aphid, *Acyrthosiphon pisum* [J]. Oecologia, 1990, 83 (4): 473-478.

[29] 张钟宁，涂美华，杜永均，等．桃蚜对［反］-β-法尼烯的行为及电生理反应［J］. 昆虫学报，1997，40 (1): 40-44.

[30] MONTGOMERY M E, NAULT L R. Comparative response of aphids to the alarm pheromone, (E) - ß-farnesene [J]. Entomol Exp Appl, 1977, 22 (3): 236-242.

[31] NAULT L, MONTGOMERY M, BOWERS W. Ant - aphid association: role of aphid alarm pheromone [J]. Science, 1976, 192 (4246): 1349-1351.

[32] MONDOR E B, ADDICOTT J F. Do exaptations facilitate mutualistic associations between invasive and native species? [J]. Biol Invasions, 2007, 9 (6): 623-628.

[33] a) 孙玉凤，李永强，凌云，等．含吡唑甲酰胺基 E-β-法尼烯类似物的设计、合成及生物活性［J］. 有机化学，2011，31 (9): 1425-1432.

b) 孙亮，凌云，王灿，等．含硝基胍 E-β-法尼烯类似物的合成及生物活性研究［J］. 有机化学，2011，31 (12): 2061-2066.

c) 秦耀果，曲焱焱，张景朋，等．不同杂环取代 E-β-Farnesene 类似物的合成及生物活性研究［J］. 有机化学，2015，35 (2): 455-461.

[34] AL ABASSI S, BIRKETT M A, PETTERSSON J, *et al.* Response of the seven-spot ladybird to an aphid alarm pheromone and an alarm pheromone inhibitor is mediated by paired olfactory cells [J]. J Chem Ecol, 2000, 26 (7): 1765-1771.

[35] FRANCIS F, LOGNAY G, HAUBRUGE E. Olfactory responses to aphid and host plant volatile releases: (E) -β-farnesene an effective kairomone for the predator *Adalia bipunctata* [J]. J Chem Ecol, 2004, 30 (4): 741-755.

[36] FRANCIS F, MARTIN T, LOGNAY G, *et al.* Role of (E) -β-farnesene in systematic aphid prey location by *Episyrphus balteatus* larvae (Diptera: Syrphidae) [J]. Eur J Entomol, 2005, 102 (3): 431-436.

[37] FOSTER S P, DENHOLM I, THOMPSON R, *et al.* Reduced response of insecticide-resistant aphids and attraction of parasitoids to aphid alarm pheromone; a potential fitness trade-off [J].

Bull Entomol Res, 2005, 95 (1): 37-46.

[38] MICHA S G, WYSS U. Aphid alarm pheromone (E) -β-farnesene: A host finding kairomone for the aphid primary parasitoid *Aphidius uzbekistanicus* (Hymenoptera: Aphidiinae) [J]. Chemoecology, 1996, 7 (3): 132-139.

[39] Kielty J P, AllenWilliams L J, Underwood N, *et al.* Behavioral responses of three species of ground beetle (Coleoptera: Carabidae) to olfactory cues associated with prey and habitat [J]. J Insect Behav, 1996, 9 (2): 237-250.

[40] Tapia D H, Morales F, Grez A A. Olfactory cues mediating prey-searching behaviour in interacting aphidophagous predators: are semiochemicals key factors in predator-facilitation? [J]. Ent Exp & Appl, 2010, 137 (1): 28-35.

[41] ALMOHAMAD R, VERHEGGEN F J, FRANCIS F, *et al.* Emission of alarm pheromone by non-preyed aphid colonies [J]. J Appl Entomol, 2008, 132 (8): 601-604.

[42] BEALE M H, BIRKETT M A, BRUCE T J A, *et al.* Aphid alarm pheromone produced by transgenic plants affects aphid and parasitoid behavior [J]. Proc Natl Acad Sci U S A, 2006, 103 (27): 10509-10513.

[43] YU X D, JONES H D, MA Y Z, *et al.* (E) -β-Farnesene synthase genes affect aphid (*Myzus persicae*) infestation in tobacco (Nicotiana tabacum) [J]. Funct Integr Genomics, 2012, 12 (1): 207-213.

[44] BRUCE T J A, ARADOTTIR G I, SMART L E, *et al.* The first crop plant genetically engineered to release an insect pheromone for defence [J]. Sci Rep, 2015, 5: 11183.

[45] PHELAN P L, MILLER J R. Post-landing behavior of alate *Myzus persicae* as altered by (E) -β-Farnesene and three carboxylic acids [J]. Entomol Exp Appl, 1982, 32 (1): 46-53.

[46] 张钟宁，陈晓社，张广学，等. 蚜虫报警信息素与类似物的合成及其对桃蚜定居行为的影响 [J]. 昆虫学报，1989，32 (3): 376-379.

[47] CUI L L, DONG J, FRANCIS F, *et al.* E-β-farnesene synergizes the influence of an insecticide to improve control of cabbage aphids in China [J]. Crop Prot, 2012, 35: 91-96.

[48] 谷彦冰，张永军，谢微，等. 蚜虫报警信息素对不同药剂防治桃蚜增效作用研究 [J]. 农业与技术，2018，38 (23): 28-31.

[49] MAUCHAMP B, PICKETT J A. Juvenile hormone-like activity of (E) -β-farnesene derivatives [J]. Agronomie, 1987, 7 (7): 523-529.

[50] DE VOS M, CHENG W Y, SUMMERS H E, *et al.* Alarm pheromone habituation in *Myzus persicae* has fitness consequences and causes extensive gene expression changes [J]. Proc Natl Acad Sci U S A, 2010, 107 (33): 14673-14678.

[51] 路虹，宫亚军，王军，等. 蚜虫报警信息素对桃蚜产生有翅蚜的影响 [J]. 北京农业科学，1994，12 (5): 1-4.

[52] KUNERT G, OTTO S, RÖSE U S R, *et al.* Alarm pheromone mediates production of winged dispersal morphs in aphids [J]. Ecol Lett, 2005, 8 (6): 596-603.

[53] KUNERT G, TRAUTSCH J, WEISSER W W. Density dependence of the alarm pheromone effect in pea aphids, *Acyrthosiphon pisum* (Sternorrhyncha: Aphididae) [J]. Eur J Entomol, 2007, 104 (1): 47-50.

斑翅果蝇 U6 启动子基因编辑效率的研究
Gene Editing Efficiency of *Drosophila suzukii* U6p Romoters

倪旭阳，黄　佳
（浙江大学昆虫科学研究所/农业部作物病虫害分子生物学重点实验室，杭州　310058）

斑翅果蝇又称铃木氏果蝇，雌虫特化有锯齿状产卵器，可将卵直接产于成熟或即将成熟的草莓、蓝莓、葡萄等果皮较软的果实内，幼虫在果实内取食，给水果产业造成严重损失。CRISPR/Cas9 是由细菌和古生菌等微生物中特有的获得性免疫系统发展起来的基因编辑技术，已经成为一种热门的基因编辑工具，广泛地应用于多种生物体中。基于 CRISPR/Cas9 的基因驱动是一种利用遗传偏好将基因快速扩散到种群中的技术。这种基因驱动技术已经在酵母、蚊子、果蝇、老鼠中实现，表现出非常广阔的应用前景。因此，可以考虑将基于 CRISPR/Cas9 的基因驱动应用到斑翅果蝇的种群控制上，减少斑翅果蝇对水果产业造成的经济损失。基于 CRISPR/Cas9 的基因驱动发生需要一个目标特异性的 gRNA 引导 cas9 蛋白对目标基因进行有效切割，并且形成双链断裂。U6 启动子控制的 gRNA 的转录效率对 CRISPR/Cas9 的基因编辑效率有很大影响。相比较于来自黑腹果蝇的 U6 启动子，斑翅果蝇的 U6 启动子应该有更高的 gRNA 转录效率。因此，研究斑翅果蝇的 U6 启动子的基因编辑效率具有很重要的意义。通过 PCR 的方法克隆到了斑翅果蝇的 7 个 U6 启动子和黑腹果蝇的 1 个在基因编辑中转录效率最高的 U6 启动子，并对其进行了生物信息学分析。利用胚胎的显微注射技术破坏了斑翅果蝇 *white* 基因的功能，野生型 G0 代斑翅果蝇的 *white* 基因被破坏后，复眼会出现马赛克表型，通过统计 G0 代斑翅果蝇中具有马赛克表型个体的比例，计算 U6 启动子在斑翅果蝇中的基因编辑效率。结果显示，在斑翅果蝇的 7 个 U6 启动子中，启动子 U6-3 的基因编辑效率最高，G0 代的马赛克比例是 50.8%。启动子 U6-4 的基因编辑效率最低，G0 代的马赛克比例是 22.6%。U6-5 和 U6-6 启动子的基因编辑效率相近，G0 代的马赛克比例分别为 45.3%和 40.7%。启动子 U6-1、U6-2、U6-7，G0 代的马赛克比例分别为 28.6%、29.7%和 32.5%。黑腹果蝇基因编辑效率最高的 U6-3 启动子在斑翅果蝇中的基因编辑效率低于斑翅果蝇的 U6-3 启动子，G0 代的马赛克比例是 44.9%。以上结果表明，斑翅果蝇的 U6-3、U6-5 和 U6-6 启动子对 gRNA 的转录效率都很高，可以应用到斑翅果蝇的 CRISPR/Cas9 基因驱动系统中。

关键词：斑翅果蝇；基因驱动；基因编辑；U6 启动子；CRISPR/Cas9

短时高温对黑森瘿蚊生长发育及体内抗氧化酶活性的影响*

Effects of Transient Heat Stress on the Development and Activity of Antioxidative Enzymes of Hessian Fly

朱　叶**，林思妤，李思琪，张　皓***
（西北农林科技大学植物保护学院，农业部西北黄土高原作物有害生物综合治理重点实验室，杨凌　712100）

黑森瘿蚊 *Mayetiola destructor*（Say）是我国重要的检疫害虫，在新疆局部分布，近年来在博尔塔拉蒙古自治州多次暴发。在全球气候变暖背景下，其在田间发生期遭遇极端高温天气的概率在增大。为了解高温胁迫对黑森瘿蚊个体发育、种群动态的影响，实验室条件下比较了不同发育期（卵、一龄幼虫、二龄幼虫、蛹期）经过 31℃、37℃短时高温处理 2 h 与 21℃恒温条件下种群的存活率、性比及发育历期；测定了短时高温处理（31℃、37℃下分别处理 1 h、2 h、4 h）后虫体保护酶（SOD、POD、CAT）的活性及总抗氧化能力（T-AOC）。结果表明，不同发育期经历 31℃、37℃高温处理 2 h 后，卵—蛹、卵—成虫、蛹—成虫的存活率与对照种群无显著差异；在二龄期经历 31℃、37℃高温处理后，后代中雌性的比例显著下降；31℃高温胁迫后个体发育明显加快，而 37℃下处理卵期、一龄、二龄幼虫期会显著延缓虫体发育，蛹期则加快个体发育。高温和处理时间对保护酶活性的影响存在显著的交互作用，其组合在不同发育期对酶活性的影响不同，一龄幼虫期体内 SOD 的活性最强，且受短时高温胁迫的影响最为明显，处理时间越长，SOD 活性越高；POD 与 CAT 的活性则随着个体发育均呈现下降趋势，CAT 活性在一龄、二龄、三龄幼虫期经历 31℃、37℃高温处理 2 h、4 h 后显著高于对照；三龄幼虫期体内 T-AOC 的含量最高，且受温度和处理时间的影响较小，在个体发育后期（三龄幼虫期、蛹期）体内的总抗氧化能力强于一龄、二龄幼虫期。以上结果表明，短时高温胁迫会影响黑森瘿蚊后代的性比，31℃短时高温会加快个体发育，但 37℃高温会抑制发育，因此，高温胁迫对种群动态的影响主要通过改变个体发育速率发生作用。高温胁迫对保护酶活性的影响随个体发育期而不同。

关键词：黑森瘿蚊；短时高温；生长发育；保护酶

---

* 资助项目：国家自然科学基金项目（31471826）

** 第一作者：朱叶，硕士研究生，研究方向为入侵生物与植物检疫；E-mail：937201143@ qq. com
*** 通信作者：张晧；E-mail：zhh1972@ nwafu. edu. cn

豚草天敌广聚萤叶甲气候适应性研究新进展

New Advance on Climatic Adaptability of *Ophraella communa*, a Biological Control Agent of *Ambrosia artemisiifolia* L.

周忠实*，陈红松，赵晨晨，马　超
（植物病虫害生物学国家重点实验室，中国农业科学院植物保护研究所，北京　100193）

广聚萤叶甲 *Ophraella communa* 是恶性入侵杂草豚草 *Ambrosia artemisiifolia* L. 的重要专一性天敌昆虫，对我国南部省（区）市的豚草控制效果非常显著。近年来，本团队重点围绕“广聚萤叶甲气候适应性”开展研究，一方面通过广西来宾种群和江苏扬州种群耐寒遗传进化的比较研究，发现扬州种群狭义遗传力指数要显著高于来宾种群，证明了扬州种群耐寒性出现了快速进化现象。该研究结果阐明了广聚萤叶甲可以通过自身的可塑性来提高耐寒能力，从而不断适应新的环境，也证实了该叶甲的耐寒可塑性是可以遗传的（Zhao *et al.*，2018），为进一步深入研究其耐寒的遗传机制和通过冷驯化获取耐寒优良种群奠定了理论基础。另外通过模拟当前平均高温、极端最高温等研究，发现广聚萤叶甲在40~42℃高温胁迫下，种群的繁殖力仍保持在较高水平，同时其可通过体内提高保护酶系（SOD、CAT 和 PODs）的活性来缓解高温对其的不利影响，研究结果揭示了广聚萤叶甲对高温具有较强的补偿效应（Chen *et al.*，2018a，b）。这些研究结果不仅优化和改良了豚草天敌昆虫广聚萤叶甲种群的规模化繁殖技术流程，为更好地利用这种天敌控制豚草提供了科学依据。

关键词：广聚萤叶甲；豚草；气候适应性

---

* 第一作用：周忠实；E-mail：zs. zh@ 126. com

小麦赤霉病菌 ABC 蛋白抗逆研究*

The Functions of ABC Proteins in Responding to Stresses in *Fusarium graminearum*

尹燕妮**，王芝慧，马天铃，陈 骧，马忠华***
（浙江大学生物技术研究所，水稻生物学重点实验室，杭州 310058）

由禾谷镰刀菌复合种（*Fusarium graminearum* complex，以下简称赤霉病菌）引起的小麦赤霉病在世界各地均可流行成灾，严重影响小麦生产安全。近年来，受抗病品种缺乏、大面积小麦—玉米轮作、秸秆粗放还田以及气候变化等因素影响，赤霉病在我国呈加重发生态势，已经成为我国长江中下游和黄淮小麦主产区的重要病害。近五年，该病害就出现 4 次流行成灾，年均发病面积达 8 100 万亩，每年造成数百亿元的直接经济损失。此外，赤霉病菌能产生大量脱氧雪腐镰刀菌烯醇（DON）和玉米赤霉烯酮（ZEN）等真菌毒素，人畜食用真菌毒素污染的小麦，能引起呕吐、腹泻、拒食、神经紊乱、流产、死胎等问题，严重危害人畜健康。

腺苷三磷酸结合盒转运蛋白（ATP-binding cassette transporter，ABC transporter）是生物体保守的一类蛋白大家族。ABC 蛋白利用 ATP 水解产生的能量主动运输各种物质，进而参与重金属解毒、脂质代谢、信号传导、多药抗性、核糖体生物合成和 mRNA 转运等多种生命活动。大多数真菌含有 30～45 个 ABC 蛋白，而禾谷镰刀菌基因组中有 62 个 ABC 蛋白（Kovalchuk and Driessen，2010），我们有兴趣探究其在赤霉病菌抗逆中的功能，重点针对 ABC 蛋白应对致病过程中的氧化胁迫和高铁胁迫展开研究。

根据蛋白结构域分析，62 个 ABC 蛋白被分为 9 个亚家族（ABC-A-G、ABC-I 和 YDR061W-like）。通过同源同组手段对 62 个 ABC 基因进行敲除，获得了 60 个 ABC 基因敲除突变体。经过 3 次独立试验，未获得 2 个 ABC 蛋白基因（*FGSG_* 04181 和 *FGSG_* 07101）的敲除突变体，初步表明这两个基因是病菌生长必需的基因。测定 60 个 ABC 蛋白突变体对氧化胁迫的敏感性，我们发现 FgArb1 突变体对氧化胁迫表现极度敏感，进一步研究发现 FgArb1 不含跨膜结构域，与定位在细胞质中的 ABC 蛋白 Rli1 互作共同调控核糖体小亚基的细胞核输出，影响蛋白的翻译过程，导致 ROS 清除酶在 FgArb1 突变体中蛋白量显著降低。致病性试验发现，FgArb1 完全丧失致病力，蛋白互作分析发现，FgArb1

---

* 资助项目：国家自然科学基金杰青和面上项目（31525020；31571945；31871910）；国家重点研发计划（2017YFC1600903）

** 第一作者：尹燕妮，教授；E-mail：ynyin@ zju. edu. cn

*** 通信作者：马忠华，教授；E-mail：zhma@ zju. edu. cn

与 Gpmk1 MAPK 途径中 FgSte7 互作，影响下游 FgGpmk1 的磷酸化，进而调控病菌的穿透能力。此外，还发现 FgArb1 上 K28、K65、K341 和 K525 位的乙酰化修饰对其功能非常重要。ABC 蛋白调控氧化胁迫适应性主要依赖跨膜结构域的物质输出。笔者研究发现 FgArb1 不具有跨膜结构域，主要通过调控核糖体合成，进而影响 ROS 清除酶蛋白翻译，从而调控氧化胁迫应对，这为 ABC 抗逆功能研究提供新视点。在真核生物中，F 类的 ABC 蛋白在核糖体合成和蛋白翻译中发挥着功能，笔者研究表明 FgArb1 具有 F 类 ABC 蛋白保守功能。此外，笔者发现 FgArb1 可能通过协助 MAPK 激酶结合 ATP 或者传递 ATP 到 MAPK 激酶的下游激酶，进而影响 MAPKK 激酶磷酸化，这在其他 F 类的 ABC 蛋白中没有报道。

FgAtm1 突变体对氧化胁迫表现极度敏感，铁含量测定发现 FgAtm1 的缺失导致病菌细胞内铁的大量积累。进一步发现，FgAtm1 负责铁硫簇从线粒体到细胞质的输出，其缺失导致细胞质中铁硫蛋白亚硝酸还原酶和黄嘌呤脱氢酶酶活降低，激活氮源转录因子 FgAreA，而 FgAreA 可以结合铁转录因子 FgHapX 启动子区，进而正向调控 FgHapX 转录。被激活的 FgHapX 起转录抑制子作用，抑制铁利用基因的表达；此外，FgHapX 通过抑制另一个转录抑制子 FgSreA 达到激活铁吸收基因表达的作用。在真核生物中，铁的动态平衡在 DNA 合成和修复、细胞呼吸、核糖体生物合成等生命活动中起重要作用。酿酒酵母中，Atm1 缺失阻止铁硫簇与单谷氧还蛋白 Grx3/4 结合，进一步阻止 Grx3/4-Fra1/2 复合体的形成，进而阻止该复合体把铁转录因子 Aft1/2 从铁吸收基因启动子区拉离（Ueta *et al.*，2012）。赤霉和其他丝状真菌中没有转录因子 Aft1/2 的同源基因，存在铁转录调控因子 FgHapX。笔者发现，FgAtm1 存在或缺失，FgGrx4 都可以和 FgHapX 互作，表明赤霉病菌中存在不同的调控机制。本研究在重要病原真菌中阐明了 FgAtm1 通过转录因子级联 FgAreA-HapX 调控铁动态平衡的新机制。此外，AreA 作为氮源调控因子，其转录被氮饥饿或硝酸盐激活（Hou *et al.*，2015），而笔者发现铁的代谢平衡会通过铁硫蛋白活性，影响 FgAreA 的转录。同时，FgAreA 又可以直接结合在铁转录因子启动子区，反过来调节铁相关基因表达。本研究在病原真菌中首次讲述了铁动态平衡和氮源代谢之间的联系。

总之，笔者发现 ABC 蛋白在赤霉病菌应对氧化胁迫和高铁胁迫中起重要作用，解析了小麦赤霉病菌中 ABC 蛋白 FgArb1 调控氧化胁迫和致病的机制，揭示了 ABC 蛋白 FgAtm1 调控病菌铁动态平衡的机制，拓宽对真核生物中 ABC 蛋白应对胁迫功能的理解和认识。

关键词：小麦赤霉病菌；ABC 蛋白；氧化胁迫；高铁胁迫

应用转录组深度测序技术鉴定柑橘类病毒[*]

Identification of Citrus Viroids Using Transcriptome Sequencing

王亚飞[**]，周常勇[***]，曹孟籍[***]

（西南大学柑桔研究所，重庆 400712）

近年来，基于新一代深度测序技术的宏观基因组学发展迅速，被广泛应用于各种植物病害的鉴定和致病机理研究。转录组深度测序可以快速鉴定植物病原或病原复合物，为研究人员鉴定新的植物病原物和分析其致病机制提供了良好的平台。本研究对来自巴基斯坦的 93 份柑橘样品混样后进行转录组学深度测序分析发现，在巴基斯坦柑橘样品中检测到了柑橘裂皮类病毒（*Citrus exocortis viroid*，CEVd）、柑橘曲叶类病毒（*Citrus bent leaf viroid*，CBLVd）、啤酒花矮化类病毒（*Hop stunt viroid*，HSVd）、柑橘矮化类病毒（*Citrus dwarfing viroid*，CDVd）、柑橘树皮裂纹类病毒（*Citrus bark cracking viroid*，CBCVd）和柑橘类病毒 V（*Citrus viroid V*，CVd-V）。其中，通过从头拼接获得的 CBCVd 巴基斯坦分离株序列与 CBCVd 参照序列（NC-003539）差异明显，同源性仅约 86%，而通过转录组测序从巴基斯坦柑橘样品中鉴定到的其他几种类病毒则和已报道的序列差异很小。之后设计 CBCVd 的特异性引物从巴基斯坦柑橘样品中通过 RT-PCR、分子克隆及测序获得 CBCVd 巴基斯坦分离株种群，序列比对后发现巴基斯坦 CBCVd 序列长度多为 276nt 和 277nt，有别于已经报道的 CBCVd 分离株序列（基因组长度为 284~286nt）。对来自巴基斯坦的 CBCVd 序列的进一步分析发现，其基因组变异中碱基替代、碱基插入和碱基缺失均有发生。除中央保守序列和末端保守序列外，其基因组的其他区域多有碱基变异分布。其中三段稳定的碱基缺失变异（^{121}-UCC^{123}，^{128}-CC^{129}，^{157}-AUCG^{160}）直接导致其基因组序列长度变短，并有一个多碱基插入（+UCGA 或+UGA）发生在 232 位点和 233 位点间，形成了一个独特的环状结构。其他区域另有发生碱基替代突变（$G^{16} \rightarrow U$，$AU^{26-27} \rightarrow UA$，$U^{40} \rightarrow A$，$AU^{50-51} \rightarrow UA$，$C^{92} \rightarrow U$，$G^{131} \rightarrow A$，$C^{155} \rightarrow U$，$C^{161} \rightarrow U$，$G^{164} \rightarrow C$，$U^{188} \rightarrow C$，$UC^{188-189} \rightarrow CU$，$C^{190} \rightarrow U$，$G^{194} \rightarrow A$，$G^{194} \rightarrow U$，$G^{203} \rightarrow A$，$U^{205} \rightarrow A$，$G^{233} \rightarrow A$，$UA^{258-259} \rightarrow AU$，$CG^{271-272} \rightarrow GC$，$G^{272} \rightarrow C$，$U^{275} \rightarrow A$）和碱基缺失突变（^{263}-A，^{87}-UU^{88}，^{88}-U，^{196}-G），另有一个插入突变（+C）发生在 17 位点和 18 位点间。由于类病毒结构中的环状结构往往是一些关键结构域，碱基变异常会改变某些结构域，笔者经分析认为这些变异可能会影响类病毒的功能。

关键词：新一代深度测序技术；柑橘树皮裂纹类病毒（*Citrus bark cracking viroid*，CBCVd）；分子变异

---

* 资助项目：国家自然科学基金（31501611）

** 第一作者：王亚飞，博士，植物病理学方向；E-mail：776545177@ qq. com

*** 通信作者：周常勇；E-mail：zhoucy@ cric. cn

曹孟籍；E-mail：caomengji@ cric. cn

双尾新小绥螨的食料筛选与饲养评价*
Diet Selection and Rearing Evaluation of *Neoseiulus bicaudus*

苏　杰[1**]，朱安迪[1]，韩国栋[1]，陆宴辉[2]，陈　静[1]，张建萍[1***]
（1. 新疆绿洲农业病虫害治理与植保资源利用自治区高校重点实验室，
新疆建设兵团绿洲生态农业省部共建国家重点实验室培训基地，
石河子大学农学院，石河子　832000；
2. 中国农业科学院植物保护研究所，植物病虫害生物学国家重点实验室，北京　100193）

双尾新小绥螨 *Neoseiulus bicaudus*（Phytoseiidae）是近年来发现的新疆本地种捕食螨，对土耳其斯坦叶螨、截形叶螨和烟蓟马等小型害虫有较好的捕食效果，并且该种捕食螨可以适应多种园艺和经济作物，如菜豆、茄子、黄瓜、番茄、棉花等。双尾新小绥螨能够适应新疆地区的高温干旱气候和长日照时间，用于该地区的生物防治有巨大潜力。本文通过研究不同食料对双尾新小绥螨生长发育、种群增长和饲养成本的影响，筛选了其可用于规模化饲养的食物；同时，通过研究饲养食物对双尾新小绥螨捕食能力、捕食偏好、运动能力和靶标搜寻能力的影响，综合评价了采用不同食物长期饲养对双尾新小绥螨品质的影响。

1　饲养食物对双尾新小绥螨生长发育、种群增长和饲养成本的影响

取食不同食物的双尾新小绥螨三个品系的总产卵前期从短到长依次为腐食酪螨饲养品系（TPS, *N. bicaudus* fed on *Tyrophagus putrescentiae*）<土耳其斯坦叶螨饲养品系（TTS, *N. bicaudus* fed on *Tetranychus turkestani*）<人工饲料饲养品系（ADS, *N. bicaudus* fed on artificial diet）。双尾新小绥螨的三个品系内禀增长率（r）均有显著差异，从大到小依次为腐食酪螨饲养品系（TPS）>土耳其斯坦叶螨饲养品系（TTS）>人工饲料饲养品系（ADS）。建立基于两性生命表参数的双尾新小绥螨种群增长模拟模型：经过 60 d 的饲养时间后，腐食酪螨饲养品系（TPS）增长最快，其种群数量增长了约 14 900 倍；土耳其斯坦叶螨饲养品系（TTS）增长次之，种群数量增长约 2 200 倍；人工饲料饲养品系（ADS）几乎没有增长，种群数量保持在 1.5 倍左右。建立基于 harvest 理论的双尾新小绥螨稳定收获系统：每日收获 100 000 头雌成螨需要 1.8 元的维护费用；以自然猎物土耳其斯坦叶螨饲养双尾

* 项目资助：国家重点研发计划项目（2017YFD0201900）；兵团区域创新引导计划项目（2018BB043）

** 第一作者：苏杰，博士，从事天敌昆虫饲养及利用方向的研究；E-mail：sujie_ agr@ shzu. edu. cn
*** 通信作者：张建萍，教授；E-mail：zhjp_ agr@ shzu. edu. cn

新小绥螨（TTS）在稳定收获系统收获比率相对较低，每日收获 100 000 头雌成螨需要 532.06 元的维护费用。

2 饲养食物对双尾新小绥螨捕食能力和捕食偏好的影响

所有品系的双尾新小绥螨雌雄螨取食土耳其斯坦叶螨的逻辑斯蒂回归方程 $P_1 < 0$，均属于 Holling Ⅱ型。对雌螨而言，双尾新小绥螨的土耳其斯坦叶螨饲养品系（TTS female）>腐食酪螨饲养品系（TPS female）>人工饲料饲养品系（ADS female），但后两者经过短期靶标适应后（TPRS female，ADRS female）捕食能力有明显提升。与雌螨不同的是，各品系的双尾新小绥螨的雄螨对土耳其斯坦叶螨的取食参数无显著差异。

我们比较了不同品系双尾新小绥螨对自然猎物土耳其斯坦叶螨和替代猎物腐食酪螨的选择偏好性，结果表明，双尾新小绥螨的土耳其斯坦叶螨饲养品系（TTS，$\chi^2 = 81.99$，$df = 1$，$P < 0.01$）和腐食酪螨饲养-靶标再适应品系（TPRS，$\chi^2 = 5.07$，$df = 1$，$P = 0.02$）对土耳其斯坦叶螨有明显的偏好性。双尾新小绥螨的腐食酪螨饲养品系（TPS）对两种猎物没有明显的偏好性（$\chi^2 = 2.56$，$df = 1$，$P = 1.10$）。

3 饲养食物对双尾新小绥螨运动能力和靶标搜寻的影响

3 种品系的双尾新小绥螨体型从大到小依次为：土耳其斯坦叶螨饲养品系>人工饲料饲养品系>腐食酪螨饲养品系。食物对双尾新小绥螨运动能力的影响：双尾新小绥螨的土耳其斯坦叶螨饲养品系雌螨（TTS female）的平均运动速率与人工饲料饲养品系雌螨（ADS female）没有显著差异，两者显著高于腐食酪螨饲养品系的雌螨（TPS female）的平均运动速率。3 个品系雄螨的运动速率从快到慢依次为：人工饲料饲养品系雄螨（ADS male）>土耳其斯坦叶螨饲养品系雄螨（TTS male）>腐食酪螨饲养品系雄螨（TPS male）。

通过研究双尾新小绥螨在土耳其斯坦叶螨无侵染/被侵染斑块生境的扩散规律，我们发现经过 3h 的扩散，土耳其斯坦叶螨饲养品系（TTS，infected = 7.67 头/株）与腐食酪螨饲养品系（TPS，infected = 7.67 头/株）在被侵染生境的扩散水平总体没有差异，但双尾新小绥螨释放时携带饲养猎物（TPS+TP，infected = 5.5 头/株）会导致其扩散水平整体低于前两者。

上述研究结果表明采用替代猎物腐食酪螨饲养双尾新小绥螨最为高效经济，长期饲养则需要与自然猎物土耳其斯坦叶螨结合以保证捕食螨种群的长期健康和产品的高品质。

关键词：双尾新小绥螨；人工饲养；两性生命表；捕食功能；运动能力

丁香假单胞菌Ⅲ型分泌系统介导的效应蛋白组学研究

Pseudomonas syringae Type Ⅲ Secretion System-mediated Effectoromics in *Nicotiana benthamiana*

魏海雷
（中国农业科学院农业资源与农业区划研究所，北京 100081）

病原菌侵染致病是一个系统而又复杂的对抗植物免疫的过程。植物病原细菌通过Ⅲ型分泌系统（Type Ⅲ secretion system，T3SS）分泌效应蛋白（Effectors，T3Es）靶向植物病免疫系统，触发植物病害的产生。但是，传统的对于单一效应蛋白的研究不足以了解病原菌的整个致病过程，也很难对抗病育种和综合性防治提供更多更准确的依据。此外，效应蛋白的功能冗余现象也严重地制约了植物病原细菌与宿主互作的系统性研究。这正是制约病原致病性研究的最大瓶颈。本研究以模式植物病原细菌 *Pseudomonas syringae* pv. *tomato*（*Pst*）DC3000 为材料，通过遗传重组突变全部 36 个效应蛋白编码基因，并保留了 T3SS 的完整结构，使其成为一个 $T3SS^+/T3E^-$ 的效应蛋白分泌、表达宿主（命名为 D36E）。另外，利用转座子 Tn7 单拷贝插入、基因组靶向定位和稳定遗传的特点，结合 GATEWAY 快速、高效、高通量的克隆技术，以效应蛋白多聚突变体 D36E 为宿主，构建了效应蛋白高通量鉴定和功能解析的天然系统。针对致病和免疫的主要生物过程：PTI 免疫活性的抑制、ETI-cell death 的激发、病原菌在宿主中的扩繁，对 *Pst* DC3000 的全套效应蛋白进行综合评价和分析，同时利用 RNA-seq 技术从转录组水平全面解析了核心效应蛋白的信号传递和调控网络。本研究所构建的效应蛋白分析系统不但可以应用于近源细菌的研究，同时也为其他病原物的研究提供思路和平台，为进一步推动植物与微生物互作的研究提供有力帮助；核心效应蛋白信号途径的解析为全面认识病原菌致病过程、寻找抗病新靶标奠定了重要的基础。

关键词：Ⅲ型分泌系统；效应蛋白组；*Pseudomonas syringae*；植物免疫系统

中国马铃薯叶部病害病原链格孢菌种群结构研究
Population Structure of *Alternaria* Species Associated with Potato Foliar Diseases in China

赵 娟[1,2*]，郑慧慧[1*]，吴学宏[1**]
（1. 中国农业大学植物保护学院，北京 100193；
2. 北京市农林科学院植物保护环境保护研究所，北京 100097）

早疫病、叶斑病及褐斑病等叶部病害是影响马铃薯产量和品质的重要因素。不同产区马铃薯病原菌组成的深入理解有利于该病害的有效防控。但近年来未见到有关中国马铃薯叶部病害病原链格孢种群结构的详细研究。本研究自 2010—2015 年，对中国 20 个省、市、自治区的马铃薯叶部病害进行调查和样品采集。通过形态学和分子生物学方法，将分离到的 620 株链格孢菌鉴定为细极链格孢菌（*Alternaria tenuissima*，71.6%），交链格孢菌（*A. alternata*，23.1%）和茄病链格孢菌（*A. solani*，5.3%）。基于 rDNA-ITS 区序列分析将 *A. solani* 与 2 个小孢子种（*A. tenuissima* 和 *A. alternata*）能够区分开，组蛋白 histone 3 基因能够将供试链格孢菌株明显划分为 3 个大分枝，包括 *A. tenuissima*、*A. alternata* 和 *A. solani*。采用基于 histone 3 基因的 PCR-RFLP 技术能将上述 3 个种类有效区分，尤其是 2 个小孢子种 *A. tenuissima* 和 *A. alternata*。离体致病性试验表明，供试链格孢菌不同种之间或者不同地理来源的链格孢菌在致病力上没有显著差异。研究结果表明，中国马铃薯叶部病害病原链格孢菌种群结构较过去已经发生明显变化。本研究中 *A. tenuissima* 引起马铃薯叶部病害是该病原在中国的首次报道，同时研究发现在调查期内，*A. alternata* 种群数量明显增加，而 *A. solani* 数量相对下降。

* 共同第一作者
** 通信作者：吴学宏，教授；E-mail：wuxuehong@ cau. edu. cn

比较分析5种土壤熏蒸剂对反硝化微生物群落的影响*

Comparative Analysis of the Effects of Five Soil Fumigants on the Abundance of Denitrifying Microbes and Changes in Bacterial Community Composition

方文生**，颜冬冬，王秋霞，李　园，欧阳灿彬，曹坳程***
（中国农业科学院植物保护研究所，植物病虫害生物学国家重点实验室，北京　100193）

土壤熏蒸是目前防治高附价值作物中土传病虫害较有效的方法。为了更好地理解我国常用熏蒸剂氯化苦（CP）、棉隆（DZ）、二甲基二硫（DMDS）、异硫氰酸烯丙酯（AITC）和1，3-二氯丙烯（1，3 - D）对土壤微生物的影响，本研究采用实时荧光定量PCR和高通量基因测序技术监测参与土壤反硝化过程细菌的多样性和群落组成的变化。结果表明，这5种熏蒸剂显著降低了变形杆菌门、绿僵菌门、酸杆菌门等细菌丰度，而增加了厚壁菌门、双生菌门、放线菌门、疣微菌门的数量。虽然氯化苦熏蒸后细菌多样性下降，但其他4种熏蒸剂对细菌多样性表现出有短暂的刺激作用。与此同时，5种熏蒸剂均短暂减少了含有*napA*、*narG*、*nirS*或*nirK*酶编码的反硝化细菌数量。在棉隆和二甲基二硫熏蒸后土壤中，笔者发现携带*cnorB*、*qnorB*或*nosZ*基因的反硝化菌相对稳定。然而，*cnorB*和*nosZ*在氯化苦、异硫氰酸烯丙酯和1，3- 二氯丙烯熏蒸后土壤中显著降低，同时，*qnorB*在异硫氰酸烯丙酯和1，3-二氯丙烯熏蒸土壤中的丰度显著增加。笔者的研究结果表明，土壤熏蒸处理显著改变了反硝化细菌的数量和群落结构。本研究有助于预测不同类型的反硝化细菌对土壤熏蒸的响应，帮助理解土壤熏蒸对土壤功能微生物的作用。

关键词：土壤熏蒸；二甲基二硫；异硫氰酸烯丙酯；土壤微生物；反硝化细菌

---

*　资助项目：国家重点研发计划（2017YFD0201600）
**　第一作者：方文生，博士后，从事土壤消毒技术研究；E-mail：fws0128@163.com
***　通信作者：曹坳程，研究员；E-mail：caoac@vip.sina.com

二化螟为害对褐飞虱取食稻株的 EPG 电位图的影响*

Effect of the Electrical Penetration Graphic Waveforms about *Nilaparvata lugens* Feeding on *Chilo suppressalis* Had Fed Rice Plant

王兴云**，张新强，李玉玲，张　玲，张坤朋，王景顺
（安阳工学院，安阳　45000）

二化螟和褐飞虱是水稻上的重要害虫，不仅会影响水稻的产量，也会对水稻的质量造成严重的影响。如果植物通常同时被几种害虫为害，它们的为害策略也是不同的，他们之间会相互影响彼此的取食行为，导致植物应对不同昆虫的抗性产生差异。不同口器昆虫取食植物诱导信号转导途径的拮抗作用。二化螟是咀嚼式口器昆虫，诱导植物茉莉酸（jasmonic acid，JA）信号转导途径，而褐飞虱是刺吸式口器昆虫，诱导植物水杨酸（salicylic acid，SA）信号转导途径。本研究通过刺探电位技术（electrical penetration graph，EPG）分析二化螟取食水稻后，比较褐飞虱在健康和被为害稻株上的 EPG 波形图，来研究褐飞虱的刺吸取食行为。结果发现，褐飞虱在健康和为害稻株上的 EPG 波形是不一样的，二化螟取食水稻后影响褐飞虱的后续取食行为，主要表现为不同波形持续时间的长短不一致，在健康稻株和为害稻株上褐飞虱的取食波 NP 波和 N3 波间均存在显著性差异。上述研究结果旨在确定昆虫间取食的相互影响关系，为进一步研究昆虫种间作用关系奠定基础。

关键词：二化螟；褐飞虱；水稻；EPG

---

* 资助项目：国家青年自然科学基金项目（31802007）；河南省青年人才托举工程项目（2019HYTP032）；河南省高等学校重点科研项目（19A210007）；安阳工学院博士科研启动基金项目（BSJ2017015）

** 第一作者及通信作者：王兴云，讲师，研究方向为农业昆虫学；E-mail：wangxingyun402@163.com

含嘧啶的新型吡啶基吡唑酰胺衍生物的合成及生物活性研究*

Synthesis and Bioactivities Study of Novel Pyridylpyrazol Amide Derivatives Containing a Pyrimidine Moiety

吴文能[1,2**]，费　强[2]，葛永辉[2]，杨茂发[1***]，欧阳贵平[1***]
（1. 贵州大学药学院，昆虫研究所，贵阳　550025；
2. 贵阳学院食品与制药工程学院，贵阳　550003）

在这项研究中，以2，3-二氯吡啶为起始原料，通过肼解、环化、溴化或氯化、氧化、水解和缩合等合成了一系列含有嘧啶的新型吡啶基吡唑酰胺衍生物，并通过 ^{1}H NMR，^{13}C NMR，MS和元素分析确认其结构，并对其抗真菌和杀虫活性进行了活性测试。杀菌活性测定结果表明，某些合成的化合物对油菜菌核病菌（*S. sclerotiorum*）、马铃薯晚疫病菌（*P. infestans*）、水稻纹枯病（*T. cucumeris*）、小麦赤霉病菌（*G. zeae*）、辣椒枯萎病菌（*F. oxysporum*）、苹果腐烂菌（*C. mandshurica*）、猕猴桃葡萄座腔菌（*Botryosphaeria dothidea*）和猕猴桃拟茎点霉菌（*Phomopsis* sp.）在50μg/mL时，大部分目标化合物具有良好的体外抗真菌活性，与噁霉灵或嘧霉胺的活性相当。同时，杀虫测定结果表明，目标化合物对斜纹夜蛾（*Spodoptera litura*）、黏虫（*Mythimna separata*）、玉米螟虫（*Pyrausta nubilalis*）、红蜘蛛（*Spide mites*）、蚜虫（*Aphid*）和褐飞虱（*Nilaparvata lugens*）均具有一定的杀虫活性，其杀虫活性低于对照药剂氯虫酰胺。据我们所知，本研究是关于含嘧啶的吡啶基吡唑酰胺衍生物的抗真菌和杀虫活性的首次报道。

关键词：吡啶吡唑；酰胺；嘧啶；杀菌；杀虫

---

* 资助项目：国家自然科学基金项目（31701821）；中国博士后基金（2017M623070）；贵州省百人计划项目（20164022）

** 第一作者：吴文能，博士研究生，研究方向为植物保护；E-mail：wuwenneng123@126.com
*** 通信作者：杨茂发；欧阳贵平

气候因素对黑线姬鼠种群动态影响的非线性效应*
Nonlinear Effects of Climate Driven Population Dynamics of *Apodemus agrarius*

侯 祥[1 **]，韩 宁[1]，封 托[1]，张 博[2]，陈晓宁[1]，王 京[1]，常 罡[1 ***]
（1. 陕西省动物研究所，西安 710032；2. 陕西师范大学生命科学学院，西安 710062）

鼠害是人类面临的一个重大问题，是制约我国农业发展的重要生物灾害之一，也是多种传染性疾病的主要宿主。随着全球性气候变暖、干旱加剧等因素的影响，鼠害问题变得更加突出，气候因素与害鼠种群变化之间的关系成为害鼠防治研究中的热点问题。以西安市长安区周边分布的黑线姬鼠为研究对象，通过标志重捕法进行种群动态监测，掌握其种群数量的动态变化规律，并结合非线性的统计方法广义可加模型，对该地区 2015—2018 年黑线姬鼠种群密度和气候因素数据进行分析，探讨该鼠种群变化与气候因素之间的关系。目的在于通过探讨气候因素与黑线姬鼠种群变化之间的相互关系，从而为鼠害防控提供可靠依据。结果表明，4 年期间共捕获黑线姬鼠 754 只，雄性 426 只，雌性 328 只。年均鼠密度 2015 年最高，其后依次为 2018 年、2016 年和 2017 年，该地区黑线姬鼠种群数量总体显现为下降趋势。在最优 GAM 模型中，鼠类种群密度与上月种群密度、当月平均温度及当月累计降水量存在显著效应。黑线姬鼠种群密度存在显著的正向自我调节效应（$F_{1.00,5.77}=27.062$，$P<0.01$），且与上一月种群密度存在线性的正相关。当月平均温度与该鼠种群密度之间存在显著的非线性效应（$F_{1.90,5.77}=4.696$，$P<0.05$），两者之间显现为钟形关系，当温度< 21 ℃时，两者之间显现为正相关，黑线姬鼠种群密度随温度的升高而升高，反之显现为负相关。当月累计降水量与其种群密度之间也存在显著的非线性效应（$F_{1.87,5.77}=3.879$，$P<0.05$），同样，两者之间也显现为钟形关系，当降水量> 90 mm 时，两者之间显现为负相关，种群密度随降水量的增加而降低，反之显现为正相关。因此，黑线姬鼠种群密度与上月害鼠密度、当月温度、当月降雨有显著的关系，当温度和降雨条件有利于鼠类生存时，本地的害鼠有可能暴发。高温多雨或低温干燥不利于鼠类的繁殖与生长。害鼠的防治需考虑多方面因素，才能做到更好的预测预报及防治。

关键词：黑线姬鼠；气候因素；种群动态；非线性；广义可加模型

---

* 资助项目：陕西省科学院重大科学研究专项（2014K-38，2018K-04）；陕西省重点研发计划项目（2018NY-135）；陕西省科学院科技计划项目（2017K-11）；西安市第一次野生动物资源调查项目（XC-ZX2015-0297-3）

** 第一作者：侯祥，硕士研究生，助理研究员，从事鼠类生态学、害鼠防治等方面的研究；E-mail：hx426108@163.com

*** 通信作者：常罡，副研究员；E-mail：snow1178@snnu.edu.cn

高效液相色谱法测定稻谷灭鼠毒饵中溴敌隆的含量*

Determination of Anticoagulant Rodenticides of Bromadiolone in Rice Baits by High-performance Liquid Chromatography

姜洪雪**，姚丹丹，冯志勇***

（广东省农业科学院植物保护研究所，植物保护新技术重点实验室，广州　510640）

华南地区属于热带、亚热带季风气候区，作物四季种植，是我国鼠害高发区之一。化学防治是目前控制鼠害暴发广泛使用的方法，溴敌隆是当前适口性好、使用广、效果佳的第二代抗凝血灭鼠剂。0.01%溴敌隆稻谷毒饵是华南地区常用的灭鼠方法。目前测定溴敌隆等抗凝血杀鼠剂的方法有薄层色谱、气相色谱、液相色谱、高效液相色谱—紫外或者荧光检测、高效液相色谱—串联质谱检测技术等，检测对象主要集中在生物样品、食品、市售毒饵中。对于不同的基质抗凝血杀鼠剂含量的检测方法存在差异，而将稻壳、糙米分别进行溴敌隆含量的测定未见研究报道。为了探讨稻谷毒饵的溴敌隆含量测定方法、了解药物的利用率，本文建立了测定毒谷中溴敌隆含量的荧光检测高效液相色谱法，比较稻壳和糙米中溴敌隆含量的差异，明确稻壳对药物的阻滞作用。样品前处理采用甲醇提取，中性氧化铝固相萃取小柱净化，C18 色谱柱分离，水+0.25%冰乙酸、甲醇+0.25%冰乙酸为流动相。该方法的线性范围为 0.5～50 mg/L，相关系数大于 0.99，方法检出限为 0.2～1.6μg/L，溴敌隆在稻壳和糙米中的回收率分别为 77.8%～92.3%和 96.4%～101.6%，相对标准偏差（RSD）分别为 8.9%～10.3%和 3.8%～7.0%。测定结果发现稻壳中溴敌隆的含量为 88.370 μg/g，占总药量的 92.99%，糙米中的含量为 6.662 μg/g，占总药量的 7.01%。1 g 稻谷毒饵中溴敌隆的含量为 95.032 μg/g。对比 0.01%溴敌隆含量减少了 4.968 μg/g，考虑应该是拌药、提取等试验过程中造成的损失。实验结果表明该方法操作简便、准确可靠，溴敌隆稻谷毒饵药物主要集中在稻壳上，少量渗入米中。为了减少药物的浪费及对土壤、水体等生态环境的污染，下一步应考虑回收溴敌隆稻壳作为粘附剂再次拌药利用，筛选有利于药剂穿透稻壳渗入大米的助剂，实现杀鼠剂的减量增效。研究结果对于指导鼠害精准绿色防控具有重要意义。

关键词：高效液相色谱法；荧光检测；稻谷毒饵；溴敌隆；抗凝血剂

---

* 资助项目：广东省农业科学院院长基金项目（201932）；广东省现代农业产业技术体系创新团队项目（2019KJ113）

** 第一作者：姜洪雪，博士，助理研究员，主要从事鼠类生理生化及防控技术研究；E-mail：jianghongxue805@163.com

*** 通信作者：冯志勇，研究员；E-mail：13318854585@163.com

中国家栖鼠类分布与分类*

Distribution and Classification of House Rodents in China

靖美东**，黄　玲**
（南通大学生命科学学院，南通　226019）

家栖鼠类是全球性分布的小型啮齿类动物，主要包括小家鼠类（*Musculus musculus*）和大家鼠类（*Rattus rattus*）。自从与人类共栖以来，它们的迁徙、扩张及群体演化都与人类活动息息相关。研究家栖鼠类的群体历史不仅可以有助于更好地认识人类与家栖鼠类相互作用的历程，为人类早期迁徙扩张历程、古农业起源发展、商贸文化交流等重要历史事件提供良好的佐证；有助于了解鼠疫相关病原体的扩散历史；有助于更好地分析从实验小鼠身上得到的研究结果与自然状态下各种生物学过程的差异，从而更好地服务人类。国外研究者对家栖鼠类在欧美地区的扩散历程，以及扩散过程中发生的种间杂交机制进行了较为深入的研究。但是，作为家栖鼠类在东亚最大的分布区，中国境内家栖鼠类的物种分布模式和迁徙扩散历史一直不清楚，中国境内的相关数据成为本领域研究者翘首以盼的珍贵资料。我们系统地采集了中国境内 80 个种群（1 300 余只）家栖鼠类的样本，利用群体基因组学策略，研究了中国家栖鼠类的分布、分类、群体遗传结构和群体历史过程。

研究结果表明小家鼠和大家鼠在中国的物种分布模式和起源迁徙历程存在巨大差异：①中国境内小家鼠包括长江以南的 *Mus musculus castaneus* 和长江以北的 *M. m. musculus* 两个亚种；两个亚种通过不同的路线进入中国（*castaneus* 从东南亚经由西南边境进入中国，逐渐向北扩张，而 *musculus* 从中亚经由西北边境进入中国，然后向东、向南扩张），两条路线与现代人群迁入中国的路线一致；中国南、北方农业快速发展时期小家鼠两个亚种经历了快速的种群膨胀（population expansion），而且长江两岸的人类交流促使小家鼠两个物种过江相遇，沿长江流域形成多个杂交区。②中国境内大家鼠主要包括褐家鼠（*Rattus norvegicus*）和黄胸鼠（*R. tanezumi*）两个种；褐家鼠于中国东北及内蒙古地区起源后向南逐步扩散，而黄胸鼠是从东南亚经西南边境多次迁入中国，占据中国南部及西南部地区，并进一步向北入侵；两个物种在多地区存在相互竞争和入侵过程，简化基因组结果显示，两者在同域分布区未发生种间杂交。新石器时代中国南、北方农业迅速发展时期，大家鼠也经历了快速的种群膨胀（population expansion）；新疆境内的褐家鼠与西藏境内黄胸鼠的引入更是近期交通发展和人类活动的结果。我们的研究为解决家栖鼠类全球扩散这一世界性科学问题提供了关键一环。

关键词：大家鼠；小家鼠；群体遗传学；进化

---

* 资助项目：国家自然科学基金（31171189；31371252）

** 作者简介：靖美东，博士，副教授；E-mail：jingmeidong@ 126. com
黄玲，博士，教授；E-mail：huangdl@ 126. com

内分泌干扰鼠类不育剂敏感性机制研究*

Research on Sensitivity Mechanism of Pest Rodent Sterilant by Perturbing Eendocrine

刘全生**，秦　姣，苏欠欠，陈　毅，王宇杰，刘雨杭
（广东省生物资源应用研究所，广州　510260）

作为第二代鼠害控制策略，不育控制鼠害自 1959 年提出至今已整 60 年。虽然研究人员在不育剂筛选、药效、药理以及田间试验等方面做了大量的研究探索，但迄今为止尚无成熟的害鼠不育剂产品能够替代抗凝血类灭鼠剂；而自 20 世纪 60 年代使用抗凝血类灭鼠剂至今，抗药性问题日趋广泛和严重，使得当前鼠害防治面临无药可用的严峻态势。虽然当前已筛选出多种内分泌干扰性不育剂，实验室和田间实验也表现出较好的应用潜力，但害鼠不育剂也存在体内降解较快的不足，这使药效维持较短，而依靠多次给药则会增加用药，增加防治成本，降低了不育剂的投入收益，成为阻碍害鼠不育剂产业化和上市的关键因素之一。而不育剂在体内降解快的关键在于肝脏和肠道内存在较强的降解酶 CYP450，尤其是特异性降解类固醇激素类的 CYP3A4 酶，该酶不仅在肝脏和肠道表达丰富，且可氧化降解 90%以上现有的类固醇类脂溶性物质，这几乎涵盖了现有全部的内分泌干扰不育剂，因此 CYP3A4 成为决定外源性激素类药物药效和持效期的关键环节。

本研究组前期工作中发现，炔雌醚处理雌性长爪沙鼠（*Meriones unguiculatus*）后，随着停药时间延长，其 CYP3A4 和 CYP1A2 酶发生不同程度的调节，虽然这两个酶在肝脏表达量远高于肾脏，且 CYP3A4 表达量也显著高于 CYP1A2，炔雌醚可以显著诱导肝脏和肾脏内这两个酶的总含量增加；随着药物被代谢耗尽，又能够恢复至对照水平。有趣的是，CYP3A4 和 CYP1A2 在两个器官的单位组织含量并无显著变化，总酶含量变化主要归功于肝脏和肾脏器官总重的变化。一般而言，在细胞内局部上调表达（表征为细胞肥大）是比组织器官的增生（细胞增殖）更为经济的表型可塑性调节方式。然而，该研究中炔雌醚为何没有直接诱导 CYP3A4 和 CYP1A2 的单位组织含量增加，而又是如何引起器官增生上调总酶含量的呢？其潜在机理尚待探究。该方面机制的探明对于筛选 CYP3A4 酶抑制剂，对实现不育剂的减量增效具有重要实践意义。

关键词：鼠害；内分泌干扰；不育剂；敏感性机理

---

* 资助项目：国家自然科学基金项目（31301684）；广东省科技计划项目（2013B010102013）；广东省科学院专项（2018GDASCX-0107）

** 通信作者：刘全生，博士，研究员，研究方向为鼠类行为生理和鼠害可持续控制技术；E-mail：liuqs@ giabr. gd. cn

EP-1 对高原鼢鼠繁殖的影响*

Effects of the Contraceptive Compound (EP-1) on Reproduction of Plateau Zokor

王　缠**，姚宝辉，蔡志远，郭怀亮，张彩军，方青慧，卢　研，苏军虎***

（甘肃农业大学草业学院，草业生态系统教育部重点实验室，兰州　730070）

高原鼢鼠是青藏高原特有的地下啮齿动物，在生态系统的物质循环和能量流动过程中具有积极作用，享有生态系统“异源工程师”的美誉，但近年来受气候变化和人类活动干扰等影响，高原鼢鼠种群密度增高，危害时有发生。高原鼢鼠被列为青藏高原高寒草甸的优势害鼠进行例行防治，但高原鼢鼠地下隐蔽的生活方式、较高的繁殖力和长寿命给其防治带来了极大困难，一直陷于“越灭越多”的困境。寻求高原鼢鼠新型的防控技术非常关键。研究发现，不育剂对鼠类具有很好的两性不育作用，有低量高效、持续时间长、经济可行、相对环保与安全和野外投放方便等特点。为明确不育剂对高原鼢鼠繁殖的控制作用，本试验在室内条件下采用灌胃的方式研究了浓度为10mg/kg、30mg/kg和60mg/kg的复合不育剂EP-1悬浊液对高原鼢鼠体重增幅、摄食量、性激素、生殖器官及雄性精子活力的作用。结果发现：EP-1灌胃处理后，雌、雄高原鼢鼠体重增幅均表现为下降趋势，但差异不显著（$P>0.05$）。摄食量未受药物影响；给药4 d后，促卵泡素（FSH）和促黄体生成素（LH）在7 d、14 d和21 d均在处理浓度组间差异显著（$P<0.05$），睾酮（T）较对照组均有下降，且在21 d时各处理浓度组间差异达到极显著水平（$P<0.01$）；相较对照组，睾丸、附睾和精囊腺出现重量下降，萎缩等现象，随着处理天数的增加，睾丸和精囊腺重量持续减少，但差异不显著（$P>0.05$）；雌性试鼠体重、子宫、卵巢、子宫系数和卵巢系数也均有下降，60 mg/kg药剂导致部分雌鼠在7 d时子宫水肿、药物组雌鼠均出现子宫外壁变薄，体积变大；雄鼠精子活力显著下降，且各组间存有显著差异，A级精子在处理后14 d差异显著（$P<0.05$），21 d后达到极显著（$P<0.01$），B级和E级精子在处理21d后差异显著（$P<0.05$）。说明EP-1对高原鼢鼠具有明显的抗生育作用。

关键词：高原鼢鼠；不育剂；EP-1；繁殖控制

---

* 资助项目：甘肃省陇原青年创新创业人才项目

** 第一作者：王缠，硕士研究生，研究方向为啮齿类防控；E-mail：1402567857@qq.com

*** 通信作者：苏军虎，副教授；E-mail：sujh@gsau.edu.cn

DNA 甲基化在鼠类的季节性繁殖中的调控作用*

The Role of DNA Methylationin Seasonal Breeding of Rodent

乔妍婷**，宋　英，李　宁，刘晓辉，王大伟***
（中国农业科学院植物保护研究所，北京　100193）

白昼时长的年度周期波动传递着季节信号，可调节动物的繁殖行为和生理发生季节性的周期变化。秋冬季的渐短光照会抑制动物性腺活性，而春夏的渐长光照则起到刺激作用。下丘脑是动物的神经内分泌中枢，许多基因参与光周期信号的传导，调控动物繁殖活性，从而表现出表达量的季节性变化和光周期反应。研究表明，鸟类和鼠类下丘脑中 2 型和 3 型脱碘酶（*Dio*2，*Dio*3）基因是接收光周期信号的核心基因，介导着光周期对性腺活性的调节作用。例如，短光照上调 *Dio*3 表达，减弱三碘甲状腺原氨酸（T_3）的分泌并抑制促性腺激素释放激素（GnRH）的分泌；而长光照上调 *Dio*2 的表达，增强 T_3 信号传导通路，并刺激 GnRH 的释放。我们近期的研究也表明，在野生布氏田鼠种群从春季繁殖期（4 月）到初冬（10 月）非繁殖期转变的过程中，雄鼠下丘脑 *Dio*2 和 *Dio*3 基因的表达量分别发生了与白昼时长相同和相反的波动模式，首次在野生啮齿类种群中验证了这两个基因的功能。这些结果说明 *Dio*2 和 *Dio*3 基因在将外界光信号转导至神经内分泌信号，以及调控动物的繁殖活性中起到关键作用。

表观遗传学机制在基因表达调控中占主导地位。表观遗传修饰可改变基因转录水平，还可以在细胞和组织特异性水平上抑制基因转录时间。DNA 甲基化可以直接或间接地调控转录，是真核生物中目前研究最好的表观遗传标记之一。DNA 甲基化是指在甲基转移酶（DNMT1）的催化下甲基被共价添加到胞嘧啶中，产生 5' 甲基胞嘧啶的过程，在哺乳动物中，DNA 甲基化主要发生在基因启动子区的 CpG 二核苷酸处，CpG 位点甲基化可以通过阻止某些转录因子与它们识别基序结合而抑制转录。在短光照处理的西伯利亚仓鼠中，DNA 甲基转移酶表达下降、*Dio*3 基因启动子区甲基化水平下降、基因表达上调和性腺发育抑制同时发生，说明光周期对鼠类生殖活动的影响可能是由 DNA 甲基化介导完成的。但是，笔者近期在布氏田鼠中的研究结果却并不支持这一观点：短光照同样可以显著

* 基金项目：国家自然科学基金面上项目（31471790）；中央级公益性科研院所基本科研业务费（S2018XM18）

** 第一作者：乔妍婷，硕士研究生，研究方向为鼠类神经生物学；E-mail：ytqiao1994@163.com

*** 通信作者：王大伟，副研究员；E-mail：dwwang@ippcaas.cn

抑制雄性布氏田鼠性腺的发育，同时上调下丘脑 *Dio*3 的表达量，但 *Dio*3 基因 281bp 的启动子序列甲基化水平无显著差异，说明该段启动子区的 DNA 甲基化未参与基因表达调控过程。因此，DNA 甲基化在鼠类季节性繁殖中的调控机制可能存在物种多样性，还有待进一步深入研究。

关键词：DNA 甲基化；季节性繁殖；*Dio*3 基因；性腺发育

不同物质对胆钙化醇杀鼠剂毒饵适口性的影响[*]

Effects of Components on the Palatability of Cholecalciferol Bait

高鑫城[**]，王　登[***]
（中国农业大学草业科学与技术学院，北京　100193）

鼠对人类的生产生活都可造成为害或困扰。目前主流的鼠害防控措施仍为化学方法，且抗凝血杀鼠剂是目前使用最多的化学杀鼠剂，其使用在高效防控鼠害的同时也带来了非靶标动物二次中毒、环境扰动及鼠类对其产生抗性等问题。寻找高效且副作用小的化学药物是鼠害防控工作者长期追寻的目标。胆钙化醇作为杀鼠剂，符合人们对于环境副作用小的要求，但由于其使用过程中可能的动物生理及行为反应，鼠取食一定量毒饵后开始拒食，导致其不易取食至致死剂量，影响灭效。我们采用选择性和非选择性取食实验结合的方法，以Wistar大鼠为对象，对比了6种原粮食饵的取食量，及8种添加物、1种警戒色、1种防腐剂及药物本身（0. 075%胆钙化醇）对鼠取食最优食饵的影响。最终，笔者获得了一种选择性试验中取食量最高的原粮和一种显著增加该原粮取食量的添加物，制成基饵，添加警戒色、防腐剂等全成分制成了0. 075%胆钙化醇蜡丸毒饵，以某市售进口杀它仗蜡丸毒饵作为对照，对比了褐家鼠华北亚种、黄毛鼠的室内取食差异；同时比较了我国4个县（省）室外2种典型环境内家栖鼠的取食情况。结果显示该基饵添加0. 075%胆钙化醇原药制作的基础毒饵，与蜡混合压制的蜡丸基饵的适口性都显著降低，市售警戒色和防腐剂不影响该基饵的适口性。室内褐家鼠在第1天和前3天的平均日取食该蜡丸毒饵量均显著高于杀它仗毒饵，第2天、第3天也高于杀它仗毒饵，但差异不显著；黄毛鼠第1~5天及5天平均日食量均高于杀它仗毒饵，但差异不显著。在北京、西安的食源丰富地，3d平均的该胆钙化醇毒饵摄食量均高于杀它仗毒饵，但差异不显著；在居民区，该胆钙化醇毒饵的3天平均摄食量显著多于杀它仗毒饵。在浙江、海南的食源丰富地，3d平均此胆钙化醇毒饵的摄食量低于杀它仗毒饵，在居民区，其摄食量高于杀它仗毒饵，但差异都不显著。海南省农田内该毒饵的摄食量显著高于杀它仗毒饵。

总体上，笔者优化获得了一种原粮基饵及添加物，制作的全成分0. 075%蜡丸毒饵，室内外野鼠的取食适口性都不低于某市售进口杀它仗毒饵。

关键词：害鼠；胆钙化醇毒饵；取食量；适口性；杀它仗毒饵

---

* 资助项目：国际科技合作专项（2014DFG31760）
** 第一作者：高鑫城，硕士，从事杀鼠剂灭效方向的相关研究；E-mail：635535225@qq.com
*** 通信作者：王登，副教授；E-mail：wangdeng@cau.edu.cn

广东省江门市黄毛鼠对第一代抗凝血杀鼠剂的抗药性及其与 *VKORC*1 基因的相关性研究*

Study on the Resistance of *Rattus losea* to the First-generation Anticoagulants in Jiangmen City of Guangdong Province and Its Correlation with *VKORC*1 Gene

姚丹丹**，姜洪雪，冯志勇***
（广东省农业科学院植物保护研究所，广东省植物保护新技术重点实验室，广州 510640）

黄毛鼠（*Rattus losea*）是华南地区农田的优势鼠种及主要害鼠，在广东省农田中该鼠的数量占比高达50%~80%，严重危害粮食作物、油料作物和瓜果类蔬菜的安全生产，可造成农作物减产10%~30%。为确保农业的可持续发展，生产部门通常采用化学灭鼠的方法来控制该鼠的种群密度，由于抗凝血杀鼠剂的大规模广泛使用，导致黄毛鼠对第一代抗凝血杀鼠剂产生了耐药性或抗药性现象，严重影响了防治效果。

本研究采用致死期食毒法（LFP）测定了广东省江门市新会区黄毛鼠对第一代抗凝血杀鼠剂的抗性发生状况，并通过筛选 *VKORC*1 基因突变和多态性位点，分析了 *VKORC*1 基因突变位点与抗性的相关性，以期进一步阐明黄毛鼠抗性的遗传机制，为科学防控鼠害提供依据。结果表明广东省江门市新会区黄毛鼠对第一代抗凝血杀鼠剂的抗性发生率为27.03%，已形成抗性种群；*VKORC*1 基因全长为2 166 bp，其中1—195、196—1006、1007—1116、1117—1963、1964—2166分别为外显子1、内含子1、外显子2、内含子2和外显子3。基因型分析共检测到8个二倍体基因型，其中2个为纯合子，基因型D01频率达到70.27%，为该地区存在的主要类型，其余频率低于10%。共筛选到12个SNP位点，其中1个为插入缺失位点，外显子1和外显子3各存在1个变异位点，内含子1和内含子2分别存在6个和4个变异位点，相关性分析显示黄毛鼠的抗药性与VKORC1基因中单核苷酸多态性（SNP）位点的相关性不显著（$P>0.05$）。外显子1的突变导致第58位氨基酸变异（Arg58Gly），且均为杂合突变，其中第58位氨基酸Arg的频率为27.03%，Gly的频率为72.97%，第58位氨基酸突变与黄毛鼠抗药性无相关性（$\chi^2=0.343$，$P=$

* 资助项目：广东省现代农业产业技术体系创新团队项目（2019KJ113）；广东省农业科学院院长基金项目（201932）

** 第一作者：姚丹丹，硕士，从事鼠类生态学与防控技术研究；E-mail：gx-002@163.com

*** 通信作者：冯志勇，研究员；E-mail：13318854585@163.com

0.694)，而外显子3的突变为同义突变（Cys96Cys），表明*VKORC*1基因第58位氨基酸突变并不是导致黄毛鼠抗药性的主要原因，黄毛鼠抗性的遗传机制可能与其他因素有关。

鼠类抗药性的形成除了与*VKORC*1基因的多态性相关外，基因的表达量上也可能存在差异，此外，细胞色素氧化酶P450基因的多态性或表达量变化以及遗传渗入也会导致抗性的发生，抗药性的形成可能是多个基因协同作用的结果，探索鼠类对抗凝血杀鼠剂抗药性的分子机制对于开展抗性的分子检测及害鼠的抗性治理具有重要的理论和现实意义。

关键词：黄毛鼠；抗药性；*VKORC*1基因；SNP位点

影响达乌尔黄鼠逃逸距离的生态因子*

Ecological Factors Affecting Flight Initiation Distance in Daurian Ground Squirrels (*Spermophilus dauricus*)

张福顺[1**]，蔡丽艳[2]，王利清[1]，帅凌鹰[3***]

(1. 中国农业科学院草原研究所，呼和浩特　010010；

2. 内蒙古自治区林业监测规划院，呼和浩特　010020；

3. 淮北师范大学生命科学学院，淮北　235000)

达乌尔黄鼠别名蒙古黄鼠、草原黄鼠，属于啮齿目松鼠科黄鼠属的一种地栖啮齿类哺乳动物，营白昼活动，独居，分布范围广，在中国北部的草原和半荒漠等干旱地区均有分布。逃逸起始距离（flight initiation distance）是指捕食者（包括人类）接近目标个体并导致其逃避时，捕食者与目标个体之间的距离。被捕食者并不是遇到捕食者后就立刻逃避，因为逃避行为不仅消耗能量，还会干扰其他重要的生命活动，如觅食和繁殖。因此，被捕食者遇到捕食者时会对逃避行为的代价和利益进行权衡（trade-off）并采用最佳的逃避策略。逃逸距离能很好地衡量动物个体在特定环境下的恐惧反应和风险权衡，是研究动物逃避行为的常用指标，并为物种保护提供科学依据。关于逃逸距离在许多动物类群中均有报道，逃逸距离可能受被捕食者察觉捕食者的能力所限制，尤其是植被特征对被捕食者的察觉能力具有重要影响。关于植被高度和植被覆盖对动物逃逸距离的研究较少。在本研究中，我们探讨了植被高度、植被覆盖和洞穴距离对达乌尔黄鼠逃逸距离的影响。多元线性回归结果表明建议植被高度和距洞穴的距离对达乌尔黄鼠的逃逸距离具有显著影响。当植被高度较低或远离洞穴觅食时，达乌尔黄鼠逃逸距离较大。植被盖度对达乌尔黄鼠逃逸距离无显著影响。本研究对鼠害控制具有一定指导意义，逃逸距离可作为野生动物管理中一种有效且易于使用的行为指标。

关键词：啮齿动物；生境结构；捕食风险；最佳逃逸理论

---

* 资助项目：内蒙古自然科学基金项目（2017MS0380；2018MS03030）；中央级公益性科研院所基本科研业务费（1610332018013）；中国农业科学院科技创新工程草原生物灾害监测与防控团队（CAAC-ASTIP-IGR）

** 第一作者：张福顺，副研究员，研究方向为草原鼠类生态学；E-mail：zhangfushun2008@163.com

*** 通信作者：帅凌鹰；E-mail：shuailingying@163.com

醛酮还原酶（AKR）参与稗草代谢草甘膦的新机制*

Aldo-ketoreductase（AKR），a Novel Mechanism Involved in Glyphosate Metabolism and Resistance in *Echinochloa colona*

潘　浪**，陈　文，胡利锋，柏连阳

（湖南农业大学植物保护学院，杂草生物学及安全防控重点实验室，长沙　410128）

稗草居国内 15 种危害严重的杂草之首，目前防范该杂草必须依靠化学除草剂。草甘膦是一种非选择性、无残留的灭生性除草剂，主要抑制植物体内的烯醇丙酮基莽草素磷酸合成酶（EPSPS），从而抑制莽草素向苯丙氨酸、酪氨酸及色氨酸的转化，使蛋白质合成受到干扰，最终导致植物死亡。由于长期使用草甘膦，导致田间出现了抗草甘膦稗草。抗草甘膦杂草的靶标酶机理是由杂草 EPSPS 基因的突变或扩增所致，但其非靶标酶分子机理尚不清楚。自然界中可分解草甘膦的基因均从土壤微生物中分离，植物中尚未找到可分解草甘膦的基因。本研究通过转录组技术鉴定到稗草的醛酮还原酶基因 *AKR*4-1，并证实该基因的过量表达与稗草对草甘膦的抗性有关。克隆得到了稗草 *AKR*4-1 基因全长，序列分析表明，*AKR*4-1 基因编码区全长 933bp，其 mRNA 编码的蛋白为 311 个氨基酸。将抗性和敏感稗草的 *AKR*4-1 基因序列进行比对，发现其无碱基变化。过表达 *AKR*4-1 基因后，可导致转基因愈伤组织和转基因水稻苗对草甘膦产生抗性。异源表达稗草 AKR4-1 蛋白可将草甘膦代谢为低毒的氨甲基磷酸与无毒的乙醛酸，这也与稗草体内的代谢物检测结果一致。而后通过分子模拟法解析草甘膦分子与稗草 AKR4-1 蛋白结构上的相互作用，并用代谢组学揭示草甘膦在植物体内的代谢途径，阐明了稗草 AKR4-1 蛋白通过辅酶因子 $NADP^+$催化氧化反应以代谢草甘膦的分子机理。稗草 *AKR*4-1 基因是植物中首个发现的可代谢草甘膦导致抗性产生的基因，该研究也首次阐明了植物代谢草甘膦的分子机理。

关键词：稗草；草甘膦；醛酮还原酶；代谢抗性

* 资助项目：国家自然科学基金项目（31901905）；国家产业技术体系（CARS-16-E19）

** 第一作者：潘浪，副教授，研究方向为除草剂毒理及抗药性；E-mail：langpan@ hunau. edu. cn

miR6483 介导 WRKY40 调控花青素合成影响油茶炭疽病抗性的机制研究*

Mechanism Study of miR6483 Mediates Anthracnose Resistance in *Camellia oleifera* by Modulating Anthocyanin Biosynthesis via WRKY40

赵　尚**，熊朝伟，李景滨***

（大连民族大学资源植物研究所，生物技术与资源利用教育部重点实验室，大连　116600）

油茶是我国特有的木本食用油料树种，具有很高的经济、社会和生态效益。由炭疽病菌侵染导致的油茶炭疽病是其生产的大敌，影响范围波及整个种植区。目前化学防治导致的农药残留和病原菌耐药性等问题日益突出，且油茶-炭疽病菌互作相关的分子基础研究相当薄弱。miRNA 与其靶 mRNA 组成一个复杂的调控网络参与多种生物学过程，越来越多的实验表明 miRNA 具有调控转录因子基因表达的功能，这为人们提供了一种全新的角度来认识基因及其表达调节的本质，因此以 miRNA-转录因子模块研究油茶对炭疽菌的防御机制具有重要的理论和实践意义。研究根据接种前后病情指数及生理指标筛选得到抗性差异种质，随后分别以炭疽病菌接种前后的油茶抗性种质和易感种质为材料构建小 RNA 文库及转录组文库，测序后筛选得到炭疽病菌诱导的油茶中差异表达 miRNA 及其靶转录因子基因。通过 PCR 方法获得花青素合成相关 WRKY 转录因子全长序列，并对其进行生物信息学分析，利用荧光定量 qRT-PCR 技术研究了该转录因子基因在油茶不同种质及组织部位中的表达情况，同时对其调控 miRNA 进行了靶向验证。研究发现，油茶抗病种质中花青素含量显著高于易感种质，证明油茶可通过调节花青素含量来响应炭疽病菌胁迫。从油茶中克隆得到 WRKY40 转录因子编码基因，ORF 长为 951 bp，编码由 316 个氨基酸组成的不稳定亲水蛋白，无信号肽和跨膜结构域，存在多个磷酸化位点，定位于细胞核中。包含 1 个高度保守的 WRKY 结构域和 C_2H_2 型锌指结构，属于第 II 类 WRKY 转录因子。病菌接种后，抗病种质中 *WRKY*40 基因的表达量变化显著高于易感种质。序列分析表明 miR6483 的靶点位于 *WRKY*40 转录因子基因的编码区，通过 RLM-5’ RACE PCR 产物测序结果证实二者存在靶向关系，且切割位点位于靶点的第 10-11 位碱基之间。上述研究结果旨在将 miRNA 与转录因子联系起来阐明 miR6483-WRKY40 模块在油茶抗炭疽病中的作用，不仅为植物 miR6483 调控 WRKY40 提供直接例证，更有助于深入理解 miRNA 介导的油茶与炭疽病菌互作的分子机制，为推动油茶分子育种奠定理论基础。

关键词：油茶；miR6483；WRKY40 转录因子；花青素合成；炭疽病

---

* 资助项目：贵州省科技计划项目（黔科合基础〔2018〕1159）；大学生创新创业训练计划项目（201912026540）

** 第一作者：赵尚，本科生，研究方向为非编码 RNA 调控与抗病机制；E-mail：2604793667@ qq. com

*** 通信作者：李景滨；E-mail：lijingbin@ dlnu. edu. cn

新思路与新理论

草地贪夜蛾入侵种群在我国春夏两季的迁飞路径研究*

Spring and Summer Migration Routes of Newly-invasive Fall Armyworm *Spodoptera frugiperda* of China

吴秋琳[1**]，姜玉英[2]，刘　杰[2]，胡　高[3]，吴孔明[1***]

（1. 中国农业科学院植物保护研究所植物病虫害生物学国家重点实验室，北京　100193；
2. 全国农业技术推广服务中心，北京　100125；
3. 南京农业大学昆虫学系，南京　210095）

草地贪夜蛾 *Spodoptera frugiperda*（J. E. Smith）原产于美洲热带及亚热带地区，是广泛分布在美洲各国的重大迁飞性害虫。由于草地贪夜蛾适生区域广、迁移性强、繁殖力高、抗药性强和暴食为害的特点，监测和生产防治十分困难。自 2016 年 1 月以来，草地贪夜蛾对非洲和南亚国家的入侵已对全球粮食安全造成重大影响，2018 年年底已在缅甸形成虫源基地。2019 年 1 月草地贪夜蛾入侵我国云南西部地区后，已在中国热带和南亚热带地区定殖。为明确草地贪夜蛾入侵我国的迁飞路径，构建我国主要玉米种植区之间草地贪夜蛾迁飞的“虫源区—降落区”关系，我们利用气象历史数据分析了春夏两季草地贪夜蛾在我国迁飞扩散的气象背景场，阐释其入侵为害的大气动力机制，并通过轨迹分析模拟预测草地贪夜蛾在我国的迁飞路径与主要迁入与波及区域。已有结果表明：缅甸等境外国家虫情演化和季风进退，可为预测我国草地贪夜蛾的前期迁入发生提供依据。在 3—4 月从缅甸起飞的草地贪夜蛾主要依靠自身飞行能力进入我国云南西南部。5 月云南地区仍是缅甸草地贪夜蛾重点入侵地区，而我国南部省份，包括广西、广东、贵州与湖南乃至海南为主要的入侵波及区。在我国热带和南亚热带地区的草地贪夜蛾定殖后一旦迁出，主要向东北方向迁移，长江以南是其北进的必经之地和主要的降落地区。我国长江流域草地贪夜蛾第一代和第二代成虫集中迁飞期为 5 月 20 日至 7 月 30 日，其迁出后主要入侵我国华北地区，同时对我国东北、朝鲜半岛和日本的玉米生产构成一定威胁。该项研究通过分析境内外的虫情演化和季风进退，为预测我国草地贪夜蛾的发生预警和科学防控研究提供了理论依据。

关键词：草地贪夜蛾；入侵生物；风温场；迁飞轨迹；监测预警

---

* 资助项目：国家自然科学基金重大仪器项目（31727901）；中央级公益性科研院所基本科研业务费专项（Y2019YJ06）

** 第一作者：吴秋琳，博士后，从事迁飞性植物害虫监测与预警研究；E-mail：wuqiulin89@126.com

*** 通信作者：吴孔明，研究员；E-mail：wukongming@caas.cn

草地贪夜蛾在亚洲的入侵动态及潜在为害区域分析*

Invasion Dynamic and Potential Hazard Region of Fall Armyworm, *Spodoptera frugiperda* in Asia

齐国君**，吕利华
（广东省农业科学院植物保护研究所，广东省植物保护新技术重点实验室，广州 510640）

草地贪夜蛾 *Spodoptera frugiperda*（J. E. Smith）又名秋黏虫，是联合国粮农组织全球预警的超级害虫。该虫原产于美洲热带和亚热带地区，2016 年以前仅栖居在美洲范围为害，随着国际贸易活动日趋频繁，2016 年草地贪夜蛾首次入侵非洲尼日利亚和加纳，随后 2 年时间内，便席卷撒哈拉以南地区的 44 个国家，给非洲粮食生产造成重创。2018 年 5 月草地贪夜蛾开始入侵亚洲印度，此后在南亚、东南亚及东亚地区迅速扩散蔓延，对亚洲地区的农业生产和粮食安全构成严重威胁。草地贪夜蛾的远距离迁飞特性极大增加了其传播扩散的风险，区域性大范围的迁移为害给其监测预警与防控工作带来了很大难度，明确其在亚洲地区的入侵扩散动态及潜在为害区域对于指导草地贪夜蛾的监测预警及防控具有重要意义。

本研究收集整理了亚洲地区草地贪夜蛾的发生情况，明确了草地贪夜蛾在亚洲不同国家的入侵扩散动态，2018 年先后在印度卡纳塔克邦州（5 月）、也门萨那（7 月）、斯里兰卡阿努拉德普勒（9 月）、孟加拉国（11 月）、缅甸曼德勒（12 月）、泰国康查纳布里省和达克省（12 月）6 个国家发现入侵，2019 年先后入侵中国云南省普洱市（1 月）、越南同奈省（3 月）、老挝丰沙里省（3 月）、印度尼西亚西苏门答腊（4 月）、尼泊尔呐瓦罗帕喇希（5 月）、韩国济州岛（6 月）、日本鹿儿岛（7 月）、柬埔寨及马来西亚 9 个国家。短短 1 年多时间，草地贪夜蛾已入侵亚洲 15 个国家，并有进一步蔓延为害之势。

根据全球范围内草地贪夜蛾的分布数据，利用 MaxEnt 生态位模型对草地贪夜蛾的潜在为害区域进行预测。预测结果表明，草地贪夜蛾在亚洲地区的潜在为害区域主要集中在南亚、东南亚及东亚大部分地区、西亚中南部及中亚局部地区，常年为害较重的区域主要分布在东南亚、南亚南部及中国华南及云南地区，北亚几乎无潜在为害区域。草地贪夜蛾作为重大迁飞性害虫，可以借助风力进行远距离迁飞，其发生分布范围会更广，入侵扩散风险较高。

关键词：草地贪夜蛾；亚洲；入侵动态；为害区域分析

* 基金项目：广东省现代农业产业共性关键技术研发创新团队建设项目（2019KJ134）、生物安全关键技术研发重点专项（2017YFC1200600）

** 第一作者：齐国君；E-mail：super_ qi@ 163. com

粉虱寄生蜂的研究进展

Research Advances on Whitefly Parasitoids

栾军波*

（沈阳农业大学植物保护学院，沈阳 110866）

粉虱为害蔬菜、棉花、花卉等植物，由1 900多个种组成，其中温室白粉虱和烟粉虱属于世界性重大农业害虫，先后入侵中国，目前在中国很多地区危害成灾。温室白粉虱和烟粉虱通过取食植物汁液、传播植物病毒、分泌蜜露污染植物产品、引起植物生理异常等，在农业生产上造成了严重损失。释放寄生蜂是粉虱生物防治的重要方式。粉虱寄生蜂的种类繁多，主要包括恩蚜小蜂属 *Encarsia*、桨角蚜小蜂属 *Eretmocerus*、埃宓细蜂属 *Amitus*、棒小蜂属 *Signiphora* 和阔柄跳小蜂属 *Metaphycus*。在我国分布的粉虱寄生蜂主要隶属恩蚜小蜂属和桨角蚜小蜂属。在已报道的恩蚜小蜂属47种烟粉虱寄生蜂中，研究较多的主要有丽蚜小蜂、浅黄恩蚜小蜂、露狄恩蚜小蜂和三色恩蚜小蜂。在桨角蚜小蜂属中，研究较多的种类主要有 *Er. eremicus*、海氏桨角蚜小蜂和蒙氏桨角蚜小蜂。其中，丽蚜小蜂、浅黄恩蚜小蜂、海氏桨角蚜小蜂均为粉虱若虫的专性寄生蜂，是防治烟粉虱的理想天敌，具有重要的生物防治应用价值，已经在生产上有不同程度的应用。浅黄恩蚜小蜂和海氏桨角蚜小蜂均是两性生殖，而丽蚜小蜂是孤雌产雌生殖。浅黄恩蚜小蜂为单寄生性内寄生蜂，且自复寄生；海氏桨角蚜小蜂为单寄生性的初寄生蜂，1龄幼虫外寄生，其余龄期为内寄生。探索粉虱寄生蜂的生殖机制将会促进寄生蜂的科学应用和粉虱生物防治工作。

关键词：烟粉虱；寄生蜂；生殖；丽蚜小蜂；浅黄恩蚜小蜂

---

* 第一作用：栾军波；E-mail：jbluan@syau.edu.cn

高效安全农药准入谱在广东早稻主要病虫害防治中的应用

Application of High Safe Efficiency Pesticide Access Spectrum in the Control of Main Diseases and Pests of Early Season Rice in Guangdong Province

王思威[1] *，刘艳萍[1]，高同春[2]，段劲生[2]，孙明娜[2]，孙海滨[1]**

（1. 广东省农业科学院植物保护研究所，广东省植物保护新技术重点试验室，广州 510640；
2. 安徽省农业科学院 植物保护与农产品质量安全研究所，
农业部农产品质量安全风险评估实验室（合肥），合肥 230031）

水稻是我国重要的粮食作物，全球约半数人口以水稻为主食。广东水稻分为早稻和晚稻两季。早稻生育期恰逢广东高湿高温环境，病害虫害为害次数多且严重，主要发生“三虫三病”（三化螟、稻纵卷叶螟、稻飞虱；稻瘟病、纹枯病、细菌性条斑病），此外水稻黑条矮缩病、稻曲病、颖枯病等病害也时有发生。据统计，广东每年水稻病虫害发生面积约 466 万～860 万 hm^2，其中纹枯病属常发生性病害，稻纵卷叶螟由于其迁入峰次多，迁入虫量大，对水稻生产为害严重，主要为害代数是第 3 代和第 6 代，稻螟以三化螟为主。病虫总体发生情况为虫害重于病害，稻飞虱、稻纵卷叶螟等迁飞性害虫发生严重。

化学农药防治是水稻病虫害防控最有效的措施，是确保水稻丰产增收的重要生产资料。然而未科学、合理、有效的应用农药不仅会导致病虫为害频发、抗性增强，而且严重影响稻米的食品安全和加速产地环境污染，对消费者健康产生影响。高效安全农药准入谱是指一种以表格形式显示农药高效、安全和使用技术要点等的记录，主要由农药基础信息和安全评价两部分内容构成。

研究针对广东地区早稻的生产结构特征、病虫害发生规律，利用已建立的高效安全农药准入谱，综合评估了不同农药对早稻病虫害的防治效果、毒性高低、稻米中的残留水平等指标参数，并与传统施药方式进行对比分析，凸显出高效安全农药准入谱精准、高效、安全的优势，是今后水稻产业病虫害防控的关键技术支撑，对促进水稻病虫害可持续控制、延缓农药抗性产生、提高农药利用率等方面均具有重要意义。

关键词：高效安全农药准入谱；广东水稻；病虫害防治；应用

* 第一作者：王思威，助理研究员，主要从事农药应用及残留分析研究；E-mail：344073564@qq.com

** 通信作者：孙海滨，研究员，主要从事农药应用及残留分析研究；E-mail：sunhb@gdppri.cn

PxGST 基因在小菜蛾抗氯虫苯甲酰胺中的功能验证*

Functional Validation of *PxGST* Gene in the Resistance of *Plutella xylostella* to Chlorantraniliprole

尹　飞**，林庆胜，冯　夏，李振宇***

（广东省农业科学院植物保护研究所，广东省植物保护新技术重点实验室，广州　510640）

解毒酶代谢活性增强在昆虫抗药性机制中起重要作用。谷胱甘肽-S-转移酶（GSTs）是重要的Ⅱ相解毒酶，催化 GSH 结合外源物质的电子中心以增加水溶性，帮助细胞排泄，一直是抗药性研究中重要的解毒酶系，可降低外来毒性物质对生物体的毒害作用。本研究对前期研究中筛选出的一种可有效调控小菜蛾对氯虫苯甲酰胺抗药性的 *PxGST* 基因进行了功能验证。研究利用 RNAi 技术对 *PxGST* 基因进行沉默，试验采用注射法对小菜蛾 3 龄幼虫注射 dsRNA，基因沉默后 24h，采用荧光定量法测定了 *PxGST* 基因在干扰前后的 mRNA 水平的表达量变化，筛选出最佳干扰片段，进而比较测定了抗性小菜蛾体内谷胱甘肽-S-转移酶酶活性及抗性小菜蛾室内生物活性。结果显示：小菜蛾 3 龄幼虫注射 dsRNA 24 h 后，360bp 和 368bp dsRNA 片段可有效沉默 *PxGST* 基因，*PxGST* 基因表达量显著下降（≥70%），谷胱甘肽-S-转移酶活性显著降低（≥50%）。室内生物活性测定结果表明，*PxGST*3 基因沉默后，抗性小菜蛾对氯虫苯甲酰胺的致死率显著提高，致死中浓度显著下降，由田间抗性种群的 490. 357mg/L 降低到 32. 06mg/L，抗性倍数由 2 132 倍降低到 130 倍。结果表明小菜蛾 PxGST 在小菜蛾对氯苯甲酰胺杀虫剂的抗性中起重要作用，*PxGST* 基因可有效介导小菜蛾对氯虫苯甲酰胺的代谢抗性，研究结果可为小菜蛾抗药性的早期诊断与治理提供新思路。

关键词：小菜蛾；氯虫苯甲酰胺；*PxGST*；RNAi

---

* 基金项目：国家自然科学基金（31701819）

** 第一作者：尹飞，硕士，副研究员，从事蔬菜害虫防控研究；E-mail：feier0808@ 163. com

*** 通信作者：李振宇；E-mail：zhenyu_ li@ 163. com

乙唑螨腈对不同螨态荔枝叶螨的生物活性和田间防效*

Bioactivity of SYP-9625on *Oligonychus lichii* in Different Life Stage and Its Field Efficacy

徐　淑**，池艳艳**，全林发，陈炳旭***

（广东省农业科学院植物保护研究所，广东省植物保护新技术重点实验室，广州　510640）

荔枝叶螨（*Oligonychus lichii*）属叶螨科、小爪螨属，寄主植物有21科34种，如荔枝、龙眼、莲雾等，于1989年由Lo & Ho进行首次报道。荔枝叶螨个体小、发育历期短、繁殖快、一年多世代发生，其主要为害叶片，吸取汁液可导致荔枝叶片出现白色斑点，严重时造成叶片变褐或提前脱落。近年来，在荔枝主产区荔枝叶螨的危害逐年加重，并有望成为当地荔枝园主要害虫之一。乙唑螨腈（SYP-9625，（Z）-2-（4-叔丁基苯基）-2-氰基-1-（1-乙基-3-甲基吡唑-5-基）乙烯基-2，2-二甲基丙酸酯）是沈阳中化农药化工有限公司以腈吡螨酯为先导化合物，通过大量结构修饰研究出来的丙烯腈类杀螨剂，2015年在我国获得临时登记，2017年以商品名“宝卓”（30%乙唑螨腈悬浮剂）投入市场。据研究报道乙唑螨腈水解后对线粒体呼吸链复合体Ⅱ表现出优异的抑制作用，并对非靶标生物如蜜蜂、鸟、鱼、家蚕低毒。目前，乙唑螨腈杀螨活性的研究主要集中在对朱砂叶螨、二斑叶螨和柑橘全爪螨的室内毒力及田间防效方面，对荔枝叶螨的相关研究尚未见报道。为了明确新型杀螨剂乙唑螨腈对荔枝叶螨的活性，笔者测定了乙唑螨腈对不同螨态荔枝叶螨的生物活性，观察了其对雌成螨产卵的抑制作用，并通过田间药效试验明确了乙唑螨腈对荔枝叶螨的防效。室内试验结果表明：采用玻片浸渍法和浸叶法测得的乙唑螨腈对成螨的LC_{50}分别为0.977 mg/L和0.248 mg/L，其毒力分别是对照药剂联苯肼酯的0.50倍和7.33倍；分别采用浸叶法和浸叶碟法测定了乙唑螨腈对幼若螨和卵的活性，LC_{50}分别为0.094 mg/L和0.380 mg/L，活性分别为对照药剂联苯肼酯的4.07倍和98.40倍。处理24 h后，相同浓度的乙唑螨腈和联苯肼酯对荔枝叶螨的产卵抑制率和产卵抑制指数无明显差异，但48 h及72 h后，乙唑螨腈的产卵抑制率和产卵抑制指数显著高于联苯肼酯。田间防效试验结果表明：30%乙唑螨腈悬浮剂稀释4 500倍药后1d防效达73%以上，药后20d防效仍维持在90%以上，乙唑螨腈防治荔枝叶螨的速效性和持效性均优于联苯肼酯。

综上所述，乙唑螨腈对荔枝叶螨具有较高的室内活性和较高的田间防效，且对雌成螨具有较好的产卵抑制作用。

关键词：乙唑螨腈；荔枝叶螨；生物活性；田间防效

---

* 资助项目：国家重点研发计划（2017YFD0202106）；国家荔枝龙眼产业技术体系（CARS-32-12）

** 第一作者：徐淑，硕士，研究方向为果树害虫综合防治；E-mail：xushugcz@163.com

池艳艳，硕士，研究方向为果树害虫综合防治

*** 通信作者：陈炳旭，研究员；E-mail：gzchebbx@163.com

植绥螨在柠檬园对柑橘全爪螨的控制作用及其种群动态研究*

The Biocontrol and Population Dynamics of Phytoseiid Mites to Citrus Red Mites in Citron-Lemon Orchards

宋子伟**，郑　苑，张宝鑫***，李敦松***

（广东省农业科学院植物保护研究所，广东省植物保护新技术重点实验室，广州　510640）

植绥螨科种类是自然界常见的天敌，它们不仅能捕食叶螨、细须螨、跗线螨、瘿螨等害螨，也能捕食蓟马、粉虱、线虫和其他小型昆虫。这一类群天敌对农林害螨的自然控制作用以及人工大量繁殖释放于作物上所取得的显著控制效果已经引起了研究者的重视，已经有许多植绥螨可作为农业生态系统的生物防治因素或作为害虫综合管理系统中的重要捕食性因素。为了明确在生态型香橼柠檬园中，植绥螨对柑橘全爪螨的控制作用及其发生动态，笔者进行了长达一年半的田间调查试验。田间采用五点取样的方法，采用盘拍法对捕食螨进行田间计数，并采集捕食螨标本带回实验室进行种类鉴定和数量统计。利用 ADCON TELEMETRY 系统记录田间的温度和降水量。调查期为 2018 年 4 月至 2019 年 9 月。结果表明，在未施用化学杀虫剂和杀螨剂的柠檬园中，植绥螨是田间的主要捕食螨类群。其中，纽氏肩绥螨［*Scapulaseius newsami*（Evans）］是植绥螨中的优势种，且种群数量在田间可以保持稳定的增长。柑橘全爪螨（*Panonchus citri* McGregor）的数量在整个调查期中，始终保持在较低的水平。说明通过减少化学农药应用，建立良好生态环境，保护利用本地捕食螨是可以实现对香橼柠檬上的柑橘全爪螨的有效控制。但是，捕食性螨的种群动态易受气象因素，特别是降水的影响。通过比较发现，从 2018 年 7 月至 8 月底，该时间段内的降水量呈下降趋势，但该时间段内的捕食螨数量呈显著增加的趋势。从 2018 年 8 月底至 2019 年 9 月中，该时间段内的降水量显著增加，捕食螨的数量呈显著下降的趋势。从 2018 年的 9 月底到 12 月中旬，降水量逐月下降，在此期间，捕食螨的种群数量稳步增加，并在 12 月中旬达到最大。2019 年的 4—5 月，这一时期的降水量没有显著变化，捕食螨的数量呈现增加的趋势。2019 年 6 月，降水量达到 2019 年的最高峰，捕食螨的数量减少到全年的最低水平。2019 年 7—9 月，降水量逐月减少，捕食性螨虫的数量增加，9 月降水量达到最低，捕食螨的种群数量达到最高峰。

综上所述，生态控制措施对捕食螨天敌的保护起到重要的作用，自然条件下的捕食螨种群，可以有效地控制柑橘全爪螨的发生。气象因素中，降雨对捕食螨的种群变化影响较大，但影响效应时间短。只要降雨减少，捕食螨的数量就会很快恢复。

关键词：纽氏肩绥螨；柑橘全爪螨；种群动态；降水量

---

* 资助项目：国家重点研发计划（2017YFD0202000）；农业长期性基础性工作（ZX09S200100）

** 第一作者：宋子伟，博士，研究方向为害虫生物防治；E-mail：ziweisong@139.com

*** 通信作者：张宝鑫；E-mail：zhangbx@gdppri.cn

李敦松；E-mail：dsli@gdppri.cn

香蕉细菌性软腐病菌 *Dickeya zeae* 细菌生物被膜形成的转录组比较分析

Comparative Transcriptome Analysis of Biofilm of *Dickeya zeae* Causing Banana Bacterial Soft Rot

张景欣*，沈会芳，蒲小明，孙大元，林壁润**
（广东省农业科学院植物保护研究所，广东省植物保护新技术重点实验室，广州 510640）

引起作物细菌性软腐病的狄克氏菌属细菌（*Dickeya* spp.，以前为 *Erwinia chrysanthemi*）是世界性重要植物病原细菌，其寄主范围十分广泛；本研究团队首次在国内报道了由 *D. zeae* 引起的香蕉细菌性软腐病。该香蕉细菌性病害已对香蕉生产造成了巨大的损失，但是该病害现在仍然是较难防治。细菌生物被膜（biofilm）是植物病原细菌的重要致病因子；本研究拟利用 RNAseq 的方法鉴定可能与香蕉细菌性软腐病菌 *D. zeae* MS1 的细菌生物被膜形成相关的基因，并进一步利用 Realtime RT-PCR 和基因敲除的方法进行验证。分别提取培养后的浮游细菌和生物被膜细菌的 RNA，通过 Ribo-zero 试剂盒去除 rRNA 来富集 mRNA，随后打断建库，进行 HiSeq/MiSeq 测序。RNA seq 数据经过过滤、参考序列比对及基因表达水平分析（FPKM）后，对浮游细菌、细菌生物被膜的生物学重复作相关性检查，结果表明浮游细菌两次试验（生物学重复）间的相关性系数=0.952，细菌生物被膜两次试验（生物学重复）间的相关性系数=0.979，生物学重复试验间可靠性较高且其表达模式的相似度也较高。经过人工筛选，选择在两次生物学重复间均表现显著表达差异的基因，剔除在不同重复试验间表现相反的差异基因，共筛选到 402 个显著差异表达基因；其中，293 个基因表现显著上调，109 个基因则表现显著下调。显著上调差异基因的 GO 富集分析表明，transport，establishment of localization 以及 localization 是在生物学过程中最显著富集的 GO；膜组分是细胞学组分中最显著富集的 GO；在分子生物学功能中，transporter activity 则是最显著富集的 GO，其次是与抗氧化等相关的 molecular transducer activity。Pathway 富集分析表明显著上调差异基因主要富集在 ABC-transcporter、biosynthesis of secondary metabolites（如与脂肪酸和胞外多糖相关的基因等）、two-component system（如趋化蛋白基因、双元系统基因等）、biosynthesis of siderophore group nonribosomal peptides、fatty acid degradation、fatty acid metabolism、biosynthesis of unsaturated fatty acids 等 pathway。进一步选择可能与细菌生物被膜形成密切相关的重要基因或基因簇

* 第一作者：张景欣，副研究员，研究方向为作物病虫害防治；E-mail：chougu@126.com
** 通信作者：林壁润；E-mail：linbr@126.com

作 Realtime RT-PCR 验证，如 *chemotaxis* 基因、胞外多糖基因、脂肪酸代谢基因、双元系统基因、铁离子转运蛋白基因以及 T3SS 基因 *hrpE* 等；Realtime RT-PCR 结果表明以上基因在细菌生物被膜形成中是显著上调表达的。构建 MS1 菌株的胞外多糖基因 *wcaJ* 和 T3SS 基因 *hrpE* 的基因敲除突变体，Δ*hrpE* 突变株的细菌生物被膜形成能力显著降低，在改良 Congo red 培养基上表现较野生型显著变小的菌落，且对于烟草致病性和香蕉致病性也是显著减弱；Δ*wcaJ* 突变株的细菌生物被膜形成能力则并未降低，对于烟草致病性和香蕉致病性也未减弱，但是该突变株在改良 Congo red 培养基上则较野生型表现菌落变大并有明显锯齿状。上述结果初步分析了香蕉软腐病菌细菌生物被膜形成的分子机理，可为进一步针对细菌生物被膜研究细菌性软腐病防治的新方法提供理论依据。

关键词：香蕉细菌性软腐病菌；生物被膜；转录组测序；荧光定量 PCR；基因敲除

广东省稻田稗对茎叶除草剂的抗性*

Resistance to Post-Emergence Herbicides in Barnyardgrass (*Echinochloa crus-galli*) from Rice Field of Guangdong Province

郭文磊**，张　纯，吴丹丹，张泰劼，田兴山***

（广东省农业科学院植物保护研究所，广东省植物保护新技术重点实验室，广州　510640）

稗（*Echinochloa crus-galli*）是广东省稻田危害较严重的禾本科杂草，二氯喹啉酸、五氟磺草胺、氰氟草酯等茎叶除草剂是防除稻田稗草的重要手段。然而，随着长期连续使用，稗已对部分除草剂产生了抗药性，甚至对不同除草剂产生了多抗性。为明确广东省稻田稗草对稻田常用茎叶除草剂的抗性情况，本研究在广东博罗、广州、江门、阳江、湛江等地采集了 8 个稻田稗种群，利用整株盆栽法检测了不同种群对二氯喹啉酸、五氟磺草胺、氰氟草酯和噁唑酰草胺的抗性水平，并对五氟磺草胺靶标抗性机制进行了初步研究。结果表明，采自江门新会区的种群（BC-3）、惠州博罗县的种群（BC-5）及湛江雷州市的种群（BC-7）对二氯喹啉酸 GR_{50}值均大于 3 375 g a. i. /hm^2，其余种群 GR_{50}值在 25. 7~38. 5 g a. i. /hm^2，表明 BC-3、BC-5 和 BC-7 种群对二氯喹啉酸产生了高水平抗性，抗性指数达 130 倍以上；BC-7 种群对五氟磺草胺 GR_{50}值为 36. 7 g a. i. /hm^2，其余种群 GR_{50}值在 4. 3~5. 6 g a. i. /hm^2，表明多数种群对五氟磺草胺仍表现敏感，而 BC-7 种群对其产生了中等水平的抗性，抗性指数达 8. 5；所有稗种群在氰氟草酯和噁唑酰草胺推荐剂量 120 g a. i. /hm^2 下均彻底死亡，未表现出明显差异，表明广东省稗种群对氰氟草酯和五氟磺草胺仍较为敏感。设计 2 对引物 Ec-F1/Ec-R1 和 Ec-F2/Ec-R2 对五氟磺草胺靶标酶（乙酰乳酸合成酶，ALS）基因进行了克隆测序，结果表明抗性种群 BC-7 在已报道的 7 个抗性相关的氨基酸位点（122、197、205、376、377、653、654）处均与敏感种群 BC-2 相同，未发现突变产生；使用胡椒基丁醚（PBO，4 200 g a. i. /hm^2）进行预处理，发现 PBO 能显著提高五氟磺草胺对 BC-7 种群的防效，其 GR_{50}值由 36. 7 g a. i. /hm^2 降低至 10. 2 g a. i. /hm^2，抗性指数由 8. 5 降低至 2. 4，表明 BC-7 种群对五氟磺草胺抗性可能与其 P450 代谢活性增强有关，其分子机理有待进一步研究。

关键词：稗；五氟磺草胺；二氯喹啉酸；抗性

---

* 资助项目：国家自然科学基金项目（31901900）；广东省现代农业产业技术体系创新团队（2019KJ113）

** 第一作者：郭文磊，博士，研究方向农田杂草抗药性与防控技术；E-mail：nongzhida@ 126. com

*** 通信作者：田兴山；E-mail：xstian@ tom. com

施药机械与功能性助剂对药液在荔枝上沉积分布的影响

Effects of Spraying Machinery and Functional Adjuvants of Deposition Distribution on Litchi

王潇楠，王思威，刘艳萍，孙海滨
（广东省农业科学院植物保护研究所，广东省植物保护新技术重点实验室，广州　510640）

荔枝原产于中国，是世界最大的荔枝生产国，栽培面积和产量均居全球之首。然而，由于热带农业环境高温高湿、病虫害种类多且危害严重，当前化学农药仍是目前荔枝生产上主要的病虫害防治手段。功能性助剂通过改善雾滴粒径分布和润湿铺展性、增加有效沉积等作用提高农药利用率和药效，对农药减施增效具有显著作用。除此之外，农药药效的发挥与施药机械也有着密不可分的关系。本文采用接触角测量仪测定了10%苯醚甲环唑水分散粒剂不同倍数稀释液在荔枝叶片上的静态、动态接触角，用于计算荔枝叶片的临界表面张力和表面自由能，进而分析药液在荔枝叶片表面的润湿性能；采用全自动张力仪测定了其不同稀释液中分别添加体积分数为0.4%的silwet stik和0.2%的as 100两种助剂后溶液的表面张力和添加助剂后的变化。用浓度为0.25%的诱惑红作为示踪剂，比较3种不同施药机械和2种不同功能性助剂对药液在荔枝上沉积分布。结果表明：荔枝叶片近轴面的表面自由能为23.74 mJ/m^2，远轴面的表面自由能为11.89 mJ/m^2，均以色散力分量（非极性分量）为主导，说明荔枝叶片的近轴面比远轴面更易被药液润湿。在10%苯醚甲环唑水分散粒剂500倍稀释液中加入0.4%的silwet stik，其表面张力为21.90 mN/m，低于荔枝叶片的临界表面张力，说明该助剂可使药液在荔枝叶片上能更快更好地润湿铺展。对于不同施药机械，静电喷雾机覆盖率效果最好，常规电动喷雾机覆盖率次之，风送式喷雾机覆盖率最低，但其中层覆盖率明显优于上层和下层，说明风送式喷雾机对于荔枝树冠层的穿透性很好。风送式喷雾机加入0.2% as 100覆盖率增加19.12%，常规电动喷雾机加入0.4% silwet stik覆盖率增加28.19%，静电喷雾机加入0.2% as 100能使荔枝叶片覆盖率效果最好，覆盖率可达59.08%。上述结果旨在通过进一步明确不同施药参数对农药在荔枝上分布规律的影响，以期为荔枝生产过程中农药减量施用提供数据支撑。

关键词：荔枝；沉积；施药机械；功能性助剂

广东省人参果青枯病病原鉴定*

佘小漫**，何自福，汤亚飞，蓝国兵，于 琳，李正刚
（广东省农业科学院植物保护研究所，广东省植物保护新技术重点实验室，广州 510640）

茄科雷尔氏菌［*Ralstonia solanacearum*（Smith）Yabuuchi *et al.*］是世界上较重要的植物病原细菌，分布于全球热带、亚热带和温带地区。该病原菌寄主范围广，可侵染 50 个科 200 多种植物。人参果学名为南美香瓜茄（*Solanum muricatum* Aiton），又名长寿果、凤果、艳果，原产南美洲，属茄科类多年生双子叶草本植物，在我国甘肃、四川、贵州、云南、湖北、湖南、江西、广西等省（区）均有种植。近年来，人参果开始在广东省种植。2018 年 3 月，在广东惠州的人参果种植地发生青枯病，田间病株率为 33%。人参果病株叶片萎蔫、失去光泽，病株维管束变褐，最后整株枯萎。在含 1% TZC 的 LB 琼脂平板上，30℃培养 48 h 后，可从病株茎基部组织中分离到菌落形态较一致的细菌分离物，菌落呈近圆形或梭形，隆起，中间粉红色，周围乳白色。人工接种致病性测定显示，该分离菌株能侵染人参果植株并引起与田间症状相同的青枯病，说明其为引起人参果青枯病的病原菌。进一步 16S rDNA 序列比较，鉴定该病原菌为茄科雷尔氏菌。碳水化合物利用试验结果表明，17 个菌株均能利用甘露醇、山梨醇、甜醇、乳糖、麦芽糖、纤维二糖等 6 种碳水化合物；选取的 3 个代表菌株均可以侵染番茄、茄子和辣椒，弱侵染生姜，不侵染香蕉；演化型复合 PCR 鉴定结果显示，17 个菌株均能扩增出 280 bp 和 144bp 特异条带；*egl* 基因序列分析结果显示，17 个菌株存在 3 个序列变种，分别是序列变种 13、15 和 34。因此，引起广东省人参果青枯病的病原鉴定为茄科雷尔氏菌，人参果菌株均属于茄科雷尔氏菌演化型 I 型、1 号生理小种和生化变种 3，存在 3 个序列变种。

关键词：人参果青枯病；茄科雷尔氏菌；病原鉴定

* 资助项目：国家自然科学基金（31801698）；广东省自然科学基金项目（2018A030313566）

** 第一作者：佘小漫，博士，研究员，研究植物病原细菌；E-mail：lizer126@ 126. com

RNAseq 揭示水稻突变体 H120 的抗白叶枯病差异表达基因*

RNA seq Analysis Reveals Insight into Differentially Expressed Genes of Bacterial Blight in Rice Mutant H120

汪文娟**，汪聪颖，苏　菁，冯爱卿，杨健源，朱小源，陈　深***
（广东省农业科学院植物保护研究所，广东省植物保护新技术重点实验室，广州　510640）

植物病害是全球粮食产量的主要影响因子之一，每年病害导致产量损失 10%以上（Oerke，2006）。由病原菌和寄主互作基因型引起的表型和环境条件是决定植物是否发病的关键。由于植物压迫信号传导途径和寄主和环境交流高度复杂，环境压力可反向调节植物对病原菌防卫的能力，增加植物感病的严重度（O'Hara *et al.*，2016）。水稻黄单胞细菌 *Xanthomonas oryzae*（*Xo*）是水稻的主要致病菌之一，每年可引起相当的产量损失。水稻黄单胞菌的显症主要受到抗病品种，特别是抗病基因抗性贡献率的影响（Suh *et al.*，2013）。根据植物对病原菌的响应速度和长度，植物抗病基因一般分为主效抗病基因和微效抗病基因两类（Kou *et al.*，2010）。主效抗性通常是小种特异性抗性，微效抗性通常是非小种特异抗性（Zhang 和 Wang，2013）。水稻白叶枯病 *Xanthomonas oryzae* pv. *oryzae*（*Xoo*）是黄单胞病菌中较重要的水稻细菌性病害，白叶枯病可导致 10%～20%产量损失，严重可达 80%（Mew *et al.*，1993）。水稻—白叶枯病致病系统已成为寄主—病原菌互作及抗病机制共进化模式研究系统（Dai *et al.*，2007）。RNAseq 已成为基因表达分析标准分析方法，已广泛应用在包括细菌侵染、*Salmonella enterica* 的 Hfq RNA 伴侣转录组和 *Burkholderia cenocepacia* 及 *Helicobacter pylori* 的全转录组分析等领域（Westermann *et al.*，2012）。RNAseq 也阐明了众多植物与致病细菌 RNA 互作模式（Saliba *et al.*，2017）。RNAseq 虽然是瞬间表达，但这个方法可以完全改变真核生物转录的研究深度和广度，从而提高基因鉴定的效率（Qian *et al.*，2014）。利用 RNAseq 分析抗白叶枯病基因表达可以侧面评价参与植物对白叶枯病应激响应基因，为白叶枯病候选抗性基因筛选奠定基础。

水稻航天诱变材料 H120 是由高感白叶枯病品种丽江新团黑谷（LTH）突变而来的高抗白叶枯病材料，经过 T0～T8 代水稻白叶枯病抗性鉴定，表现出稳定的抗性。为研究突

* 资助项目：现代农业产业体系项目（2019KJ105）；国家重点研发项目（2016YFD0300707）

** 第一作者：汪文娟，助理研究员，研究方向为水稻植物病理学；E-mail：wangwenjuan@gdppri.com

*** 通信作者：陈深，研究员，研究方向为抗病遗传；E-mail：chens@gdppri.com

变体 H120 的抗性基因表达差异，利用广东优势致病型Ⅳ型菌菌株 GD9315 分别接种突变体材料 H120 及其感病对照品种 LTH。在植物 3~4 叶期接种 0、6h、12h、24h、48h、72h 和 96h 后的时间点分别采集叶片组织，提取植物总 RNA 后进行 RNAseq 分析。结果表明 H120 的 0、6h、12h、24h、48h、72h 和 96h 分别获得了 9.74G、8.11G、8.29G、9.39G、8.68G、9.1G 和 6.4G Clean reads，LTH 的 0、6h、12h、24h、48h、72h 和 96h 分别获得了 9.18G、8.63G、9.37G、8.48G、9.6G、8.78G 和 8.96G Clean reads。后期基因表达数据分析表明 H120 的 0、6h、12h、24h、48h、72h 和 96h 时间点基因表达上调 3 倍以上的基因数量分别有 7 558（13.22%）、8 240（14.41%）、8 326（14.56%）、7 263（12.70%）、7 698（13.46%）、7 926（13.86%）和 7 731（13.52%）；LTH 的 0、6h、12h、24h、48h、72h 和 96h 时间点基因表达上调 3 倍以上的基因数量分别有 7 648（13.38%）、8 745（15.29%）、8 489（14.85%）、7 472（13.07%）、7 922（13.85%）、7 961（13.92%）和 7 844（13.72%）。*H*120 的基因表达差异数据有助于后期其抗白叶枯病候选基因筛选鉴定。

关键词：水稻；白叶枯病；RNAseq；差异表达基因

荔枝蒂蛀虫激素与繁殖相关比较转录组学研究*

Comparative Transcriptome Analysis of *Conopomorpha sinensis* Bradley Adults with a Focus on Hormone and Reproduction

姚　琼**，全林发，李振宇***，陈炳旭***

（广东省农业科学院植物保护研究所，广州　510640）

荔枝蒂蛀虫（*Conopomorpha sinensis* Bradley）是专一性为害荔枝和龙眼的果树害虫，该虫广泛分布于中国岭南地区、东南亚和尼泊尔等荔枝和龙眼种植区域，以幼虫蛀果为害。对荔枝蒂蛀虫而言，药剂对其幼虫毫无作用，且该虫成虫期长及没有明显高峰期的特性也极大增加了该虫的防治难度。目前，干扰成虫交配和控制成虫繁殖力是最有效的荔枝蒂蛀虫防控策略之一。荔枝蒂蛀虫基因组和转录组信息匮乏，研究局限性非常明显。本研究目的是获得荔枝蒂蛀虫的转录组数据，寻求有效控制害虫的分子靶标。首先，通过序列拼接后获得 184 422 unigenes，其平均长度为 903 bp。将 unigenes 与七大公共数据库进行数据同源比对，45.06%，22.41%，19.53%，34.05%，35.82%，36.42% 和 19.85% 的 unigenes 可获得有效注释。接着，通过对不同样品间的基因表达量分析和差异表达基因的筛选，共获得了 2 890 条雌性优势表达和 2 964 条雄性优势表达基因。然后，对荔枝蒂蛀虫两性成虫差异表达基因分别进行了 gene ontology（GO）功能富集和 Kyoto Encyclopedia of genes and genomes（KEGG）代谢通路富集进行了进一步分析，荔枝蒂蛀虫雌性优势表达和雄性优势表达基因所富集的功能条目和代谢途径均不相同。最后，在转录组数据中注释筛选出了大量与荔枝蒂蛀虫成虫激素与繁殖相关的性别差异表达基因，这些基因包括蜕皮激素诱导蛋白 78C、保幼激素相关的 fatty acyl-CoA 还原酶和卵黄原蛋白等编码基因。这项研究对细蛾科害虫激素与繁殖力相关的性别差异研究有着重要意义。

关键词：荔枝蒂蛀虫；昆虫激素；繁殖力；性别差异；比较转录组学

---

* 资助项目：广东省自然科学基金项目（2017A030310095）；国家农业部荔枝龙眼产业体系岗位科学家团队（CARS-32-12）

** 第一作者：姚琼，副研究员，研究方向为农业昆虫与害虫防控；E-mail：joanyao_ 0603@163.com

*** 通信作者：陈炳旭；E-mail：gzchenbx@163.com

李振宇；E-mail：Lizhenyu@gdaas.cn

报警信息素与植物挥发物介导的蚜虫化学生态调控研究进展*

Advances in Chemical Ecological Regulation of Aphids Mediated by Alarm Pheromone and Plant Volatiles

成印洁**，孙东磊，武　韩，李继虎，安玉兴***
（广东省生物工程研究所，广州甘蔗糖业研究所，
广东省甘蔗改良与生物炼制重点实验室，广州　510316）

蚜虫报警信息素是其自身产生的挥发性物质，大部分蚜虫报警信息素的主要成分为（*E*）-β-法呢烯（EβF）。蚜虫报警信息素是警告附近同种个体逃离危险的关键化学通信物质，绝大多数蚜虫接收到报警信号后会停止取食，逃离取食点。除了报警活性外，报警信息素还具有调控蚜虫种群密度、吸引自然天敌的生态功能。在长期进化过程中，寄主植物逐渐形成一套有效抵御害虫定殖的直接防御和间接防御系统，如形成完善的物理结构、释放趋避植食性昆虫和引诱昆虫天敌的挥发性物质。水杨酸甲酯和一些萜类化合物（包括EβF）是典型的虫害诱导植物挥发物，目前国内外已在利用虫害诱导挥发物调控昆虫的行为方面取得一定进展。因此，报警信息素和蚜虫诱导的植物挥发物在“寄主植物—蚜虫—天敌”三级营养关系中发挥重要的化学生态功能，可开发为集蚜虫趋避剂和天敌引诱剂于一身的绿色生物农药，在蚜虫生物防治的“推拉策略”中具有重要的田间应用价值。目前国内外关于豌豆长管蚜、桃蚜和棉蚜等几种多食性蚜虫报警信息素的研究较多，而对食性较为单一的重要害蚜的研究较少。报警信息素化学生态调控的应用主要集中在EβF类似物或衍生物的化学合成及释放EβF转基因作物品系的构建上，但EβF的高挥发性和不稳定性限制其在田间的广泛应用，同时转基因作物的研究也存在诸多关键问题亟待解决。鉴于报警信息素自身特性难以改变这一现状，挥发性物质有效缓释系统的构建将是未来的研究重点。随着科技的进步，一些新兴材料逐渐被研究并开发利用，这将有助于报警信息素和蚜虫诱导的挥发物缓释系统的构建和应用，为蚜虫的化学生态调控提供必要的理论和技术支撑。

关键词：报警信息素；蚜虫诱导挥发物；化学生态调控；缓释系统

---

* 资助项目：国家现代农业产业技术体系专项（CARS-170306）

** 第一作者：成印洁，博士，研究方向为昆虫分子生态学和害虫生物防治；E-mail：chengyinjieys@163. com

*** 通信作者：安玉兴，博士，研究员；E-mail：yanxing888@ 126. com

琥珀酸脱氢酶抑制剂类（SDHIs）杀菌剂及其抑菌活性研究进展

Progress on Research and Development of Succinate Dehydrogenase Inhibitor Fungicides and Its Antifungal Activity

张海洋*

（黑龙江八一农垦大学农学院，大庆　163319）

真菌作为危害作物的五大病原物之一，是有害生物中最低等的生物，其特点是容易产生抗性。开发具有独特新颖作用机制、作用位点和化学结构的新型杀菌剂是对抗抗性的有效方法。真菌的呼吸链是由4个酶复合体，即复合体Ⅰ、Ⅱ、Ⅲ和Ⅳ组成的质子或电子传递体，由辅酶Q和作为电子传递载体的细胞色素c连接，是生物获得和储存能量的位点。呼吸抑制剂类杀菌剂是通过抑制复合体的活性，造成真菌不能正常合成能量，无法呼吸导致死亡（张鹭等，2010）。SDHI类杀菌剂作用位点位于病原菌线粒体呼吸电子传递链上的复合体Ⅱ上，通过抑制琥珀酸脱氢酶（succinatedehydrogenase，SDH）或琥珀酸泛醌还原酶（succinateubiquinone reductase，SQR）的产生而破坏呼吸链影响病原菌的呼吸作用，抑制病原菌的生长，达到防治病害的最终目的（Tomlin，2011）。琥珀酸脱氢酶是三羧酸循环的重要功能部分，与线粒体电子传递链相连，催化从琥珀酸氧化到延胡索酸和从泛醌还原到泛醇的偶联反应（李良孔等，2011）。

SDHIs类杀菌剂在化学结构方面都含有酰胺基（—CONH—），后期新开发的此类杀菌剂大多是以原有活性基团为骨架进行基团替代衍生的方式而产生，目前成功开发的这类杀菌剂从化学结构上可以分为7类：苯基-苯甲酰胺类（phenyl-benzamides）、吡啶-乙基-苯甲酰胺类（pyridinyl-ethyl-benzamides）、呋喃-酰胺类（furan-carboxamides）、氧硫杂环己二烯-酰胺类（oxathiin-carboxamides）、噻唑-酰胺类（thiazole-carboxamides）、吡啶-酰胺类（pyridine-carboxamides）、吡唑-酰胺类（pyrazole-carboxamides）。

最早开发的品种是萎锈灵（carboxin），应用至今逐渐在许多作物病害中产生抗药性的报道。21世纪以来开发的氧化萎锈灵等品种杀菌谱较窄，只能用于防治菊花属锈病和大麦散黑穗病，生产中应用价值受到限制。随着研究的深入，更多新型SDHI类杀菌剂被成功研制，如灭锈胺、氟酰胺、麦锈灵、甲呋酰胺、啶酰菌胺、噻呋酰胺、呋吡菌胺、吡噻酰胺以及新研发的氟吡菌酰胺等，这些杀菌剂防治谱较广，生产中的应用空间很大。在我

---

* 第一作者：张海洋，硕士研究生，研究方向：植物病虫害防控；E-mail：ZhangHaiyang_ Betty163. com

国已获得登记的品种主要是以萎锈灵、氟酰胺、氟吡菌酰胺、噻呋酰胺、啶酰菌胺等为有效成分，共 15 个产品（袁善奎，2004）。

苯基-苯甲酰胺类杀菌剂主要有麦锈灵、氟酰胺、灭锈胺等品种，其中麦锈灵主要用来防治黑粉病、锈病及丝核菌等引起的病害。氟酰胺用于防治各种作物的立枯病、纹枯病、雪腐病等，灭锈胺具有阻止和抑制纹枯病菌侵入的作用。

吡啶-乙基-苯甲酰胺类代表品种氟吡菌酰胺具有广谱性和内吸性，可用于 70 多种作物的病害防治（Sun *et al.*，2019）。其中对灰霉病菌、白粉病菌、核盘菌属和丛梗孢属病菌有很强的防治效果。研究表明氟吡菌酰胺对黄瓜褐斑病菌、番茄早疫病菌、苹果斑点病菌、番茄灰霉病菌、番茄菌核病菌、苹果褐斑病菌、花生冠腐病菌的孢子和番茄灰霉病菌的孢子具有较高的抑制活性（申瑞平，2014）。拜耳公司推出的银发利（氟吡菌酰胺与霜酶威德混剂）对致病疫霉抗甲霜灵菌株引起的番茄晚疫病有很好的防效（杨子辉，2017）。

呋喃-酰胺类杀菌剂代表品种甲呋酰胺用于防治种子胚内带菌引起的麦类散黑穗病，也可用于防治谷物上的腥黑穗病和黑粉病、高粱黑穗病、葡萄霜霉病和马铃薯晚疫病（仇是胜，2015）。

氧硫杂环已二烯-酰胺类代表品种之一萎锈灵，萎锈灵是第 1 个 SDHI 类杀菌剂，至今仍应用于大田农业生产，可采用闷种、拌种和浸种等方法防治大小麦、燕麦、玉米、高粱、谷子等禾谷类黑穗病，亦可用于叶面喷雾防治小麦、豆类、梨等锈病。各大杀菌剂公司也推出了很多萎锈灵复配制剂产品，在降低经济成本的同时也可以缓解抗性的产生。

噻唑-酰胺类杀菌剂代表品种噻呋酰胺，防治对象：对丝核菌属、柄锈菌属、黑粉菌属、腥黑粉菌属、伏革菌属和核腔菌属等致病真菌有活性，对担子菌纲真菌引起的病害如立枯病等有特效。研究表明，噻呋酰胺对草莓丝核菌根腐病原菌的 EC_{50} 值为 0.063 9~2.485 7μg/mL，对立枯丝核菌的抑制作用强于对双核丝核菌（尹沙亮，2019）。24%噻呋酰胺悬浮剂对水稻纹枯病能起到较好的防治效果，且对水稻安全（汪继承，2019）。

吡唑-酰胺类已成功开发的联苯吡菌胺可用于白粉病、锈病、霜霉病等多种病害的防治，对大麦网斑病、苹果白粉病有很好的治疗和保护效果。研究表明，联苯吡菌胺对麦类作物的病害有良好的防效，如小麦叶枯病、叶锈病、条锈病、眼斑病和黄斑病、大麦网斑病、柱隔孢叶斑病、云纹病和叶锈病等（Stammler *et al.*，2007）。也可有效防治玉米叶枯病、灰叶斑病、褐斑病和白霉病（罗梁锋，2018）。呋吡菌胺是 SDHI 类杀菌剂中第 1 个吡唑酰胺类化合物，可用于抑制担子菌纲的大多数病菌如水稻纹枯病菌、水稻菌核病菌的生长（Russell *et al.*，2007）。吡唑萘菌胺对抗三唑类杀菌剂的病原菌有效，尤其对壳针孢属真菌有很强的防治效果，研究表明唑萘菌胺对黄瓜褐斑病菌、黄瓜炭疽病菌、辣椒炭疽病菌、番茄早疫病菌、苹果斑点病菌、辣椒疫霉病菌、马铃薯晚疫病菌、番茄灰霉病菌、番茄菌核病菌、水稻稻瘟病菌、苹果轮纹病菌菌丝生长和玉米丝黑穗、花生冠腐病菌、番茄灰霉病菌的孢子萌发均有较高的抑制活性（申瑞平，2014）。氟唑菌苯胺该剂兼具有内吸预防和治疗作用，主要用于玉米、棉花、油菜、蔬菜、水稻和大豆等作物上的病害防治。吡噻菌胺具有渗透和内吸性，对灰霉病、白粉病、霜霉病和苹果黑星病等有良好防效。而且在 35 个国家广泛地应用于蔬菜、果树和草坪领域多种病害的防控。其对作物、人畜有高度安全性，在中国获得黄瓜白粉病和葡萄灰霉病的登记（王永崇，2019）。

吡啶-酰胺类（pyridine-carboxamides）代表品种为啶酰菌胺，其对灰霉病、菌核病、白粉病及各种腐烂病、根腐病等均有良好的防治效果。是目前使用范围最广、用量最大的SDHIs类杀菌剂。可作为防治梨果实采后青霉病菌（*Penicillium expansum*）有效药剂，对其病原菌有一定的抑菌作用，EC_{50}值为：24.178mg/L（陈越，2019）。啶酰菌胺对番茄绵腐病菌的抑菌中浓度为28.708μg/mL（杨士杰，2019）。

氯苯醚酰胺是由华中师范大学发现的新型琥珀酸脱氢酶抑制剂类化合物。研究结果显示其具有较广的防治谱，对立枯丝核菌的抑制活性最强，对辣椒疫霉的抑制活性较弱。对10多种植物病原菌均有较好的抑制活性，EC_{50}值在0.008~15.25 mg/L。田间试验中对水稻纹枯病的防治效果为79.6%（戴德江，2017）。

目前SDHI类杀菌剂抗性研究报道较少，但由于作用位点较单一，该类杀菌剂剂被FRAC归为中度抗性风险杀菌剂。生产中应与其他作用机制的杀菌剂交替使用并按照推荐的剂量施用，为延缓抗性产生，应将该类杀菌剂与其他无交互抗性杀菌剂混合来防治病害，尽可能在发病前将SDHI类杀菌剂用作保护性药剂使用且发病后不要使用超过3次，将使用抗病作物品种、采用合理耕作栽培制度等其他防治措施与化学防治相结合，在新药剂投入使用前期完成靶标病原菌对其敏感基线的建立，并对其田间抗性发展进行实时监测和及时治理，尽可能地延缓或避免其抗性的发展。

关键词：琥珀酸脱氢酶抑制剂；抑菌活性；SDHIs；应用

基于齐整小核菌 SC64 的生物防除加拿大一枝黄花方案可显著提高被入侵生境的植物多样性*

Biological Control of Solidago Canadensis Using A Bioherbicide Isolate of *Sclerotium rolfsii* SC64 Increased the Biodiversity in Invaded Habitats

张　裕**，强　胜***

（南京农业大学杂草研究室，南京　210095）

原产北美的加拿大一枝黄花被政府确定为加强控制的外来入侵种，目前该草的防控措施几乎主要依赖灭生性化学除草剂，因而产生了诸如生物多样性丧失等新的生态问题。采用生物防除等绿色措施可以降低这种生态影响，但具体试验示例还不多。为此，笔者选取了 4 个受加拿大一枝黄花严重入侵的不同生境地，分别在加拿大一枝黄花生长发育的不同时期采用翻耕并结合施用齐整小核菌（*Scleritium rolfsii* S.）SC64 开发的微生物除草剂，于施药后不同时间调查了加拿大一枝黄花的防治效果及样地中植物的种类和数量，分析了其物种丰富度指数、多样性指数和均匀度指数。除进一步检验该防除技术的实用性，主要阐明其对生境内生物多样性的影响。结果表明，翻耕结合生物除草剂技术在不同生境下和不同时期实施平均显示 89.61%的防效，而化学除草剂草甘膦平均仅有 70.06%的防效，显示生物防除方式具有良好的环境适应性和较宽的使用适期。生物防除后不同样地加拿大一枝黄花重要值平均下降 69.9%，下降程度显著高于化学防除后的样地（31.8%）。植物群落多样性的调查结果显示不同生境下，生物防除后物种丰富度指数、Simpson 多样性指数、Shannon-Wiener 多样性指数和 Pielou 均匀度指数均有显著提高；化学防除后的 4 个指标在不同样地呈现不同变化趋势，无显著规律。总之，相比用化学除草剂而言，生物防除方式显著改善了受加拿大一枝黄花入侵生境的植物群落结构以及增加了生物多样性。

关键词：加拿大一枝黄花；齐整小核菌；生物防治；植物群落结构；植物多样性

---

* 资助项目：国家重点研发专项（2017YFC1200105）；国家自然科学基金项目（3140110504）

** 第一作者：张裕，讲师，从事外来入侵植物入侵机制及生物防控相关方面的研究；E-mail：zhangyu2013@ njau. edu. cn

*** 通信作者：强胜，教授；E-mail：wrl@ njau. edu. cn

昆虫翅多型分子机制的研究进展[*]

Recent Progress of Molecular Mechanisms Underlying Wing Polymorphism in Insects

张金利[**]，徐海君[***]

（浙江大学昆虫科学研究所，水稻生物学国家重点实验室，杭州　310058）

多型现象可见于多种昆虫，例如人们熟知的蝗虫型变与社会性昆虫的等级分化。多型现象是昆虫与环境的长期共进化的产物，也是一些昆虫取得生态学成功的一个重要因素（Simpson *et al.*，2011）。作为唯一能够飞的无脊椎动物，昆虫的翅多型一直以来是生物学家关注的一个热点。翅多型现象在诸多昆虫种类中均有报道，包括鞘翅目、双翅目、膜翅目、鳞翅目、直翅目、缨翅目、啮虫目、半翅目等（Zera 和 Denno，1997）。短翅型（或无翅）个体不具飞行能力，但它们产卵量较大，有利于种群在居留地快速繁殖；长翅型个体具飞行能力，有利于种群的远距离扩散。因此，开展昆虫翅型分化研究对深入了解昆虫与环境的协同进化关系具有重要的意义。但就农业害虫而言，翅型分化显然扩大了害虫的危害范围，从而增加了虫害的预测预报与防治难度。因此，阐明昆虫（尤其是农业害虫）的翅型分化机制，不仅对推动进化发育生物学的研究具有重要的理论意义，而且对农业生产也有实践指导意义。

在过去的几十年内，前人以蚜虫、蟋蟀、飞虱等昆虫为模型，对翅型分化的发生机制进行了广泛的研究，取得了一系列重要成果。例如，初步明确了蚜虫、蟋蟀、飞虱等一些昆虫的翅型分化的环境响应因子（Müller *et al.*，2001；Braendle *et al.*，2006；Zhang *et al.*，2019）；再如，初步发现了内分泌系统（保幼激素和蜕皮激素）对翅型分化的调控作用（Nijhout 和 Wheeler，1982；Hardie 和 Lee，1985；Roff，1994；Zera，2006，2009；Zhang *et al.*，2019）；再如，以蟋蟀为模型深入研究了保幼激素调控的飞行与繁殖的权衡机制（Zera，2009）。但与之相比的是，由于技术条件限制等原因，关于昆虫翅型分化的分子机制的报道却较少。

随着第二代测序技术的发展，近年来国内外多个课题组通过比较转录组学的方法挖掘蚜虫、蟋蟀、飞虱等昆虫的不同翅型个体或某一组织之间的基因表达差异，发现了多个可能参与翅型分化的关键基因，其中尤为突出的是美国罗切斯特大学 Dr. JA Brisson 课题组对豌豆蚜（*Acyrthosiphon pisum*）的研究。该课题组先通过转录组分析筛选得到了蜕皮激

* 资助项目：国家自然科学基金项目（31972261；31772158；31522047）

** 第一作者：张金利，博士后，从事稻飞虱翅型分化调控机制研究；E-mail：zjl123. hi@ 163. com

*** 通信作者：徐海君，教授；E-mail：haijunxu@ zju. edu. cn

素途径相关基因，后又经实验证实蜕皮激素是调控豌豆蚜翅型分化隔代遗传的成因的结论（Vellichirammal *et al.*，2016；2017）。本课题组利用稻飞虱为模型，发现了 3 个调控翅型分化的主宰基因（*Wmt*、*InR2*、*FoxO*），其中 *InR2* 和 *FoxO* 是胰岛素途径的 2 个关键基因（Xu *et al.*，2015），Wmt 则是未见于报道的转录因子（待发表），这 3 个基因通过两条信号途径调控长、短翅型发育。

鉴于目前蚜虫遗传操作的复杂性与困难性，笔者认为稻飞虱可发展成为翅型分化研究的良好系统，后续有几个方面的研究值得推进：①虽然有报道表明增加植株的葡萄糖含量可增加长翅型飞虱的比例（Lin *et al.*，2018），但其增长幅度却非常有限，因此关键的环境因子有待明确；②主宰基因 FoxO 是一个转录因子，但它是如何转录调控下游基因从而决定翅的不同发育轨迹有待研究；③其他调控翅型分化的方式有待确认。有报道表明 miRNA（miR-34）可能参与翅型分化调控（Ye *et al.*，2019），但同样存在效果不佳、雌雄的翅型比例不清等问题，因此有待进一步佐证。综上所述，随着功能基因组学研究的推进，相信昆虫翅多型领域的诸多科学问题在可期的时间内将逐一得以回答，研究成果将丰富昆虫进化发育生物学理论以及为害虫绿色防控提供一个新的视角。

关键词：翅多型；进化发育；超级基因；信号途径；蜕皮激素

梨黑斑病分子检测技术研究

Research on the Molecular Detection of Pear Black Spot

杨 雪*，谷春艳，臧昊昱，潘 锐，陈 雨**

（安徽省农业科学院植物保护与农产品质量安全研究所，合肥 230031）

梨黑斑病是由链格孢（*Alternaria* spp.）类真菌引起的国际性病害，在亚洲的日本、韩国和中国发生非常严重。2003—2004 年，我国鸭梨曾因黑斑病被拒绝进口至美国和加拿大。2011 年 12 月，国家质检总局与国家标准化管理委员会发布了关于梨黑斑病鉴定与检测的国标（GB/T 28072—2011），其主要根据寄主范围、传播途径、发病症状与病原形态进行鉴定。采用传统的植物病害检测方法直接观察，易受到人为因素和环境条件的干扰，加之传统的分类方法耗时长，程序烦琐，不适合快速检测的要求，很难实现对病害发生的及时监测和有效控制病原菌的传播和病害流行。随着分子生物学技术的迅速发展，加上口岸检疫对检测时限的要求越来越高，传统的植物病原真菌检测鉴定方法在口岸检疫已经不具有优势，实际检测中更多采用快速、经济、高效的 PCR 检测技术。根据 Genbank 中已知的 *Alternaria* 属的 *Alt* a1 基因序列设计特异性引物，利用该引物对 *Alternaria* 属和其他属病原菌进行特异性扩增，发现仅能从 *Alternaria* 属中扩增得到一条 254bp 的条带，其他属菌株均无扩增条带出现，表明该对引物具有属间特异性，可特异性检测 *Alternaria* 属真菌。由于 *Alternaria* 属真菌的不同种可导致不同类型的病害，同时也包括了部分腐生菌种，为进一步区分 *Alternaria* 属中不同的致病种，开发了环介导等温扩增技术（Loop-mediated isothermal amplification，LAMP）用于检测导致梨黑斑病的已报道致病种。LAMP 检测技术是一种在恒温条件下保温 30～90 min 即可完成扩增反应，同时可用肉眼判定结果的简单、快速、高效、经济的分子检测技术。利用 *A . alternata* 的 *cytochrome* b（cyt-b）基因设计引物，通过优化反应条件，建立了一种高灵敏度的 LAMP 检测方法。通过检测 46 种不同真菌的基因组 DNA，导致梨黑斑病的属于 *A . alternate* species-group 的致病菌可通过该 LAMP 检测技术同时被检测到，极大的提高了梨黑斑病的检测效率。

关键词：梨黑斑病；分子检测；LAMP；PCR

---

* 第一作者：杨雪，副研究员，研究方向为有害生物化学防治；E-mail：yangxue2121@ 163. com

** 通信作者：陈雨；E-mail：chenyu66891@ sina. com

鳞翅目昆虫剂量补偿效应的研究进展*

Recent Progress of Lepidoptera Insects Dosage Compensation Effect

邓中原[1] **，张亚坤[2]，李显春[3] ***

（1. 郑州大学农学院，郑州　450001；2. 中国农业科学院植物保护研究所，植物病虫害生物学国家重点实验室，北京　100193；3. 亚利桑那大学昆虫系，美国图森　85721）

昆虫是动物界中最大的一个类群，其个体的数量也十分庞大，几乎遍布地球的每个角落（May *et al.*，1988；Pimm *et al.*，1995）。昆虫能发展成为动物界中种类最多、数量最大的生物类群，主要与昆虫的多样性、适应性和繁殖能力有关。性别决定和剂量补偿是昆虫生殖研究中的核心问题，其决定了两性生物向不同性别发育的方向及两性生物间基因剂量平衡的效应，这是两性生物生存和发育必不可少的过程，是种群得以扩大延续的重要基础（Pimm *et al.*，1995）。剂量补偿效应是指在两性生物中，平衡性染色（X/Z 染色体）基因在雌雄个体间有效剂量相等的遗传效应，即由 X 或 Z 染色体基因编码的蛋白产物在数量上相等或相近的现象（Birchler *et al.*，2005；Zhang *et al.*，2007）。剂量补偿机制是生物发育过程中的一个重要基础科学问题，对于鳞翅目昆虫，只有家蚕的剂量补偿机制进行了初步研究，但目前家蚕的剂量补偿类型尚存在争议。

1932 年，首次在果蝇（*Drosophila melanogaster*）中发现了剂量补偿效应（Muller *et al.*，1932），随后在线虫和哺乳动物中得到验证（Ercan *et al.*，2009；Brown *et al.*，1991）。研究发现果蝇 MSL 蛋白复合物在剂量补偿机制中起到关键的调控作用，MSL 蛋白复合物是由 5 种雄性致死因子蛋白和 2 种非编码 RNAs 组成（Gelbart *et al.*，2009）。

果蝇的性别决定系统为 XX/XY 型，雌性果蝇性染色体组成为 XX，雄性果蝇为 XY。通过雄性果蝇 X 连锁基因转录水平加倍，实现了 X 染色体连锁基因的剂量补偿（Gelbart *et al.*，2009），该作用机制主要是通过剂量补偿复合体可以与雄性 X 染色体靶向结合，复合体中的乙酰化酶对 X 染色体基因进行乙酰化修饰，经过乙酰化修饰后使 X 染色体基因转录水平加倍达到剂量补偿效应。最新研究发现，在招募 MSL 蛋白复合物中，果蝇 X 染

* 资助项目：郑州大学科研启动经费（32310206）；17 省产学研合作与 17 省重点高校项目（22140003，32210006）

** 第一作者：邓中原，博士后，从事鳞翅目昆虫生殖发育方向的研究；E-mail：dengzhongyuan@outlook.com

*** 通信作者：李显春，教授；E-mail：lxc@email.arizona.edu

色体中重复元件来源的 siRNA 起到了关键作用（Joshi *et al.*，2017）。果蝇的剂量补偿效应受性别决定基因 *Sxl* 基因的调控，SXL 蛋白可以抑制 *Msl2* 基因的翻译。雄性果蝇 *Sxl* 基因不能形成有功能的 SXL 蛋白，MSL2 蛋白可以行使正常功能，而雌性果蝇 *Sxl* 基因能够正常编码 SXL 蛋白导致 MSL2 蛋白的缺失，缺失 MSL2 蛋白则不能启动正常的剂量补偿效应（Johansson *et al.*，2011）。

线虫（*Caenorhabditis elegans*）的性别决定取决于 X 染色体与常染色体的比值，即含有 1 条 X 染色体（X 染色体：常染色体=0.5）发育成雄性线虫，含有 2 条 X 染色体（X 染色体：常染色体=1）发育成雌雄同体线虫（Ercan *et al.*，2009）。线虫的剂量补偿效应通过 XX 个体中两条 X 染色体基因表达水平同时降低一半来实现（Albritton *et al.*，2017）。线虫的剂量补偿效应作用机制主要是通过剂量补偿复合体靶向的结合到 XX 个体中的 X 染色体，通过复合体的组蛋白甲基化酶使 X 染色体基因附近的组蛋白带有甲基化修饰，该组蛋白修饰使 X 染色体基因转录水平降低 50%（Dawes *et al.*，1999）。综上所述，线虫的剂量补偿是通过剂量补偿复合体作用于 X 染色体，从而抑制 X 染色体相关基因的表达，使得 2 条 X 染色体呈现 0.5 倍的转录效率。哺乳动物的性别决定系统为 XX/XY 型，雌性个体性染色体组成为 XX，雄性个体为 XY。通过雌性个体随机一条 X 染色体的失活（失活的 X 染色体又被称为巴氏小体），在哺乳动物雌雄个体间实现 X 染色体连锁基因的剂量补偿（Kalantry *et al.*，2011）。X 染色体失活的作用机制主要受巴氏小体的一个顺式作用元件 XIC 影响，XIC 可以转录产生非编码长链 RNA Xist，Xist 大量转录 RNA 会包裹 X 染色体，并在 X 染色体不断扩展延伸，后续引发染色体中的 DNA 甲基化和组蛋白甲基化，使得 X 染色体发生异染色质化，最终导致整条染色体基因不转录不表达（Kalantry *et al.*，2011；Sahakyan *et al.*，2018）。与果蝇、线虫不同的是，哺乳动物的剂量补偿效应不受性别决定基因的调控。综上所述，哺乳动物中的剂量补偿效应是雌性个体通过 Xist 非编码 RNA 作用于其中一条 X 染色体，使得该 X 染色体失活，导致只有 1 条 X 染色体转录表达。

鳞翅目昆虫剂量补偿机制的研究最早起始于家蚕。早期研究发现，雄性家蚕部分 Z 染色体基因表达量是雌性家蚕的 2 倍（Suzuki *et al.*，1998），后来发现 *kettin* 基因及其附近的基因也存在类似现象（Suzuki *et al.*，1999），上述结果提示家蚕 Z 染色体基因不存在剂量补偿效应。直到 2011 年，通过芯片分析发现雌雄家蚕 Z 染色体基因表达量并不存在差异，同时 Z 染色体基因总体的表达量低于常染色体基因的表达量，表明家蚕可能存在完全剂量补偿机制（Walters *et al.*，2011）。随着测序技术的发展，利用新一代 RNA-seq 测序后发现，家蚕剂量补偿现象出现在胚胎发育 120h 后，剂量补偿的实现是通过雄性家蚕降低 Z 染色体基因表达量，家蚕的剂量补偿是完全剂量补偿但不同于经典的完全剂量补偿机制（Gopinath *et al.*，2017）。对于其他鳞翅目昆虫，如烟草天蛾（Smith *et al.*，2014）、苹果蠹蛾（Gu *et al.*，2017）、印度谷螟（Harrison *et al.*，2012）、袖蝶（Walters *et al.*，2015）等，剂量补偿也进行了少量研究，但具体的剂量补偿类型还存在争议。

鳞翅目昆虫剂量补偿研究较为缓慢，主要的原因：一是昆虫种类众多，完成基因组测序的数目有限，基因组数据也没有拼接到染色体级别，需要利用高通量测序数据获得更多数据；二是剂量补偿类型的鉴定没有统一的标准与方法，因此使用的方法不同得到的结论可能不同，所以需要对鳞翅目昆虫的剂量补偿类型建立一套标准的鉴定方法。通常评估剂量补偿标准是比较异型配子性别中的 X 或 Z 染色体基因的表达量与常染色体基因的表达量是否一致，如果异型配子的 X 或 Z 染色体基因的表达量与常染色体基因的表达量相同则推断为完全剂量补偿。如果某种昆虫只能鉴定得到少数性别连锁基因，采用此种方法则会造成较大的误差。因此，目前只有少数研究较多的昆虫才能进行剂量补偿分析。剂量补偿分析的另一个重要问题是如何更好地去除未表达基因的影响。如果性染色体中未表达基因较多，分析中包含未表达基因，可能会使该染色体基因的平均表达水平低于真实的表达水平，进而会错误地认为该染色体基因的表达量会偏向性染色体基因的表达水平（Gu *et al.*，2017）。目前关于鉴定未表达基因的方法仍没有统一标准，部分研究认为 RPKM 值小于 1 认定为不表达基因，较为理想的鉴定标准为：无论利用何种阈值得到的剂量补偿类型应基本一致。

根据先前对家蚕与果蝇剂量补偿调控的研究，发现 Masc 蛋白和 MSL 蛋白复合物发挥了重要作用（Kiuchi *et al.*，2014；Gelbart *et al.*，2009）。

MSL 蛋白复合物（Male-specific lethals complex）是果蝇剂量补偿机制中重要的蛋白复合体，该蛋白复合体主要由五种蛋白亚基 MSL1、MSL2、MSL3、MOF 和 MLE5 和两种非编码 RNA RoX1 和 RoX2（Smith *et al.*，2000）。该蛋白复合体在雄性果蝇发育中起到了重要作用，缺失部分基因会导致雄性果蝇致死，对雌性果蝇则不会出现此种现象，这提示剂量补偿效应主要在雄性果蝇中发挥作用（Gelbart *et al.*，2009）。MSL1 蛋白是 MSL 蛋白复合物中的核心，该蛋白主要包含两个功能结构域，氨基酸 N 端的亮氨酸拉链结构域（CC）和氨基酸 C 端的 PEHE 结构域。CC 结构域及其附近的序列主要与识别染色体的特异位点及与 MSL2 结合相关（Li *et al.*，2005），PEHE 结构主要起到连接 MSL3 蛋白和 MOF 蛋白的功能（Marín *et al.*，2003）。MSL2 蛋白主要包含环指蛋白结构域、CXC 结构域和脯氨酸富集结构域，环指蛋白可以结合 MSL1 蛋白（Johansson *et al.*，2011），脯氨酸富集结构域主要起到辅助调控的作用（Li *et al.*，2008）。MSL3 蛋白则主要由氨基酸 N 端的 CBD 结构域和 C 端 MRG 结构域组成，CBD 结构域主要是其他蛋白或 RNA 的结合位点（Akhtar *et al.*，2010），MRG 结构域则可以与 MSL1 蛋白结合（Morales *et al.*，2005）。MOF 蛋白是表观修饰酶，可以特异的对组蛋白进行修饰进而影响染色质的结构（Akhtar *et al.*，2010）。MLE 蛋白是核酸解旋酶，在 MSL 蛋白复合物激活 X 染色体基因中起到了重要作用（Smith *et al.*，2000）。RoX1 和 RoX2 是两个非编码长链 RNA，两者可以形成特定的 RNA 二级结构从而与 MSL 蛋白结合到一起，对于 MSL 蛋白复合体的组装具有重要作用（Franke *et al.*，1999）。上述研究表明，在雌雄个体中存着差异的基因才有可能是剂量补偿的调控基因。基于棉铃虫基因组注释，MSL 蛋白复合物中的 MSL1、MSL2、MSL3、MOF 和 MLE5 蛋白都可以在基因注释信息中检索到，这提示 MSL 蛋白复合物对棉铃虫的剂量补偿效应可能起到调控作用，具体的作用机制仍需进一步验证。

Masc 基因是在解析家蚕性别决定通路过程中克隆得到的新基因（Kiuchi *et al.*，2014）。进化分析表明，Masc 蛋白是新发现的一类鳞翅目昆虫特有的功能蛋白，主要起到雄性化和剂量补偿的作用（Kiuchi *et al.*，2014）。Masc 蛋白主要包含 3 个结构域，N 端的锌指结构域（Kiuchi *et al.*，2019），中间的核定位信号（Sugano *et al.*，2016），C 端的雄性催化结构域（Katsuma *et al.*，2015）。*Masc* 基因可以与家蚕性别调控初始信号 Fem 产生的 piRNA 相互作用，调控下游双性基因 dsx 基因的选择性剪接，从而决定家蚕的性别分化

（Kiuchi *et al.*，2014）。家蚕近缘物种三角斑褐蚕蛾（*Trilocha varians*）也克隆得到了 *Masc* 基因，研究表明三角斑褐蚕蛾 *Masc* 基因与家蚕 *Masc* 基因起到类似的作用，但不同的是在三角斑褐蚕蛾中并未发现家蚕 Fem piRNA 调控的位点（Lee *et al.*，2015）。在小地老虎（Wang *et al.*，2018）、玉米螟（Takahiro *et al.*，2018）中也发现了 Masc 蛋白并且通过干扰和基因敲出实验验证了该蛋白雄性化功能，但是剂量补偿效应并未进一步探究（Takahiro *et al.*，2018；Wang *et al.*，2018）。以上研究结果表明，在鳞翅目昆虫性别通路中，*Masc* 基因起到了关键作用，Masc 基因受到初始信号的调控，同时将性别决定的信号传递到下游双性基因中，可以说 Masc 基因在性别决定中起到了“承上启下”的作用。对多种鳞翅目昆虫的研究证实 Masc 基因在性别决定中发挥了重要的作用，但 *Masc* 基因调控剂量补偿效应却只在家蚕中得到了验证。由此，在鳞翅目昆虫中，*Masc* 基因调控剂量补偿效应是一种保守的机制还是一种偶然性的出现还不得而知，需要进一步探究。

关键词：剂量补偿；性染色体；性别决定；鳞翅目

松材线虫效应蛋白及分子致病机理研究进展*

Progress on the Study of Effectors and Molecular Pathogenicity of *Bursaphelenchus xylophilus*

扈丽丽**，陈刘生
（广东省林业科学研究院，广州　510520）

松材线虫是世界范围内较具危险性的十大植物寄生线虫，也是国际公认的检疫性林业有害生物。目前的研究表明，植物寄生线虫主要通过分泌效应蛋白与寄主发生分子水平上的相互作用，吸取营养物质，维持自身的生存和繁殖。近年来，关于植物寄生线虫效应蛋白与分子致病机理的研究取得了很大的进步，但是大部分研究还是集中于固着性内寄生的根结线虫和孢囊线虫，而对于迁移性内寄生的松材线虫研究相对较少。松材线虫基因组测序已经完成，多个不同研究领域的转录组数据相继报道，这为松材线虫效应蛋白的功能研究提供了大量的资源，同时，分子生物学技术和生物信息学的不断创新和提升为松材线虫致病机理的研究提供了良好的机遇。而目前报道的松材线虫效应蛋白功能多集中于对线虫生长发育、迁移活力和孵化能力的影响，也有一些与线虫度过低温环境和滞育期有关的效应蛋白，这些研究结果对揭示松材线虫的致病机理具有很大指导意义。随着研究的不断深入，越来越多的线虫研究学者致力于揭示松材线虫与寄主松树之间的相互作用。本文将对国内外关于松材线虫效应蛋白及分子致病机理的研究进行综合论述。

关键词：松材线虫；效应蛋白；致病机理

---

* 资助项目：国家自然科学基金项目（31401716）

** 第一作者：扈丽丽，博士，研究方向为林业有害生物综合防控；E-mail：hulili0113@163.com

HIPVs 影响卵寄生蜂寄主定位的研究进展*

Progress of Effects of HIPVs on Host Location of Egg Parasitoids

王园园**，张　杰，彭于发，李云河***

（中国农业科学院植物保护研究所，植物病虫害生物学国家重点实验室，北京　100193）

在自然环境中，植物可以从多种器官中释放含多种组分的挥发物复合物，植食性昆虫通常利用植物挥发物定位寄主植物，同样地，寄生性天敌也会利用植物挥发物定位寄主昆虫。植食性昆虫的攻击可以诱导植物产生与健康植物有较大差别的挥发物组分，或改变原有挥发物的含量，这些挥发物被称为虫害诱导植物挥发物（herbivory - induced plant volatiles，HIPVs）（Hilker 和 Fatouros，2015）。

在与寄主昆虫的长期协同进化过程中，寄生蜂具备了搜寻、定位及寄生寄主昆虫，并且能够精确识别不同寄主的能力。寄生蜂定位寄主的过程包括：①对寄主进行远距离定位，主要是利用寄主为害前后植物挥发性物质的变化来定位寄主昆虫栖息地；②确定寄主昆虫，通过对有虫或无虫植株挥发物的差异确定寄主所在植株，再根据寄主自身及粪便挥发物精确定位寄主；③将卵产在寄主体内，完成寄生（Ye *et al.*，2018；张云宣，2018）。

卵寄生蜂专门在其他昆虫卵中发育，其寻找寄主的方式主要依赖化学信息物质，这些信息物质来源包括寄主本身、寄主排泄物或者植物，而寄主的卵本身对卵寄生蜂影响不大（Fatouros *et al.*，2008；Bai *et al.*，2011）。植物受到攻击可以大面积系统性地释放挥发物，而寄主昆虫释放的挥发物通常比植物释放的挥发物低几个数量级（Turlings *et al.*，1995）。由此可见，虫害诱导植物挥发物 HIPVs 在寄生蜂搜寻定位寄主时发挥相当重要的作用（Turlings 和 Erb，2018）。有研究表明，寄主取食为害和产卵行为均可以产生对卵寄生蜂搜索定位有用的 HIPVs（Dicke 和 Baldwin，2010；Hilker 和 Fatouros，2015）。因此，卵寄生蜂进行寄主定位可能主要借助于寄主昆虫取食为害和产卵行为诱导的植物挥发物。

1　虫害诱导的植物防御反应

植食性昆虫取食会将口腔分泌物引入或接触植物组织，植物可以特异性识别植食性昆虫相关分子，并作出一系列直接或间接防御反应抵御昆虫攻击（徐丽萍等，2018）。直接

*　资助项目：国家自然科学基金项目（31901883）

**　第一作者：王园园，博士后，从事转基因风险评估、植物与昆虫互作的研究；E - mail：yuanyuanw09@ 163. com

***　通信作者：李云河，研究员；E-mail：liyunhe@ ippcaas. cn

防御反应包括，植食性昆虫取食诱导植物合成一些次生代谢物，如芥子油苷、蛋白酶抑制剂、烟碱等（Poelman 和 Dicke，2014；Poelman *et al.*，2015）。间接防御反应是植物释放 HIPVs，吸引捕食性或寄生性天敌对植食性昆虫进行捕杀或寄生，或对同种或异种植食性昆虫进行驱避（Turlings 和 Erb，2018）。

除了取食为害，植食性昆虫的产卵行为也可以诱导植物产生防御反应。植食性昆虫产卵时会将产卵液引入或接触植物组织，植物可以特异性地识别植食性昆虫相关分子，并作出反应来抵御昆虫的攻击（徐丽萍等，2018）。目前，已经发现超过 20 多种植食性昆虫（叶蝉、飞虱、蝴蝶、蛾类、蝇类等）的产卵行为可以诱导植物产生防御反应，包括产生对卵有直接危害的物质杀死卵、形成肿瘤组织导致卵脱落或破碎等直接防御反应，或者释放 HIPVs 吸引卵寄生蜂杀死卵等间接防御反应（Hilker 和 Fatouros，2015；Poelman 和 Dicke，2014）。除此之外，植物还可以将昆虫产卵行为作为一种预示幼虫为害的危险信号，植物接收到这一信号后会在幼虫孵化前就开始准备抵抗幼虫为害，或者加速生长进而导致比没有预警的植物更早地开花繁殖（Hilker 和 Fatouros，2015）。

HIPVs 可分为 4 种类型：①绿叶性气味（green leaf volatiles，GLVs），主要是脂肪酸氧化形成的衍生物，包括 C6 醛，如（E）-2-已烯醛、（Z）-3-已烯醛、n-正已醛，及其相应的醇类及酯类，如（Z）-3-已烯-1-醇、（Z）-乙酸-3-已烯酯等；②萜类化合物，主要是单萜、倍半萜及其衍生物，如单萜（E）-β-罗勒烯和芳樟醇，倍半萜烯（E，E）-α-法尼烯、（E）-β-石竹烯，C11 萜烯同系物（E）-4，8-二甲基-1，3，7-壬三烯（DMNT）及 C16 萜烯同系物（E，E）-4，8，12-三甲基-1，3，7，11-十三碳四烯（TMTT）；③含氮含硫化合物，主要是由氨基酸产生的胺类、腈类、肟类、异硫氰酸酯及硫化物；④其他物质，包括 GLVs 以外的醛、醇、酮、酯及呋喃、吲哚衍生物，如水杨酸甲酯（MeSA）（孙浩，2016；Clavijo McCormick *et al.*，2012；娄永根和程家安，2000）。GLVs 是典型的非特异性 HIPVs，这类物质不仅可以由植食性节肢动物侵害诱导植物产生，也可以由机械损伤诱导产生。萜类、MeSA、吲哚等是特异性 HIPVs，通常在虫害发生后几个小时开始合成（Takabayashi 和 Shiojiri，2019）。大部分植物在受到植食性昆虫为害时释放的 HIPVs 组分基本一致，但是这些组分的相对含量在不同物种之间却有很大差异，同一种植物在受到不同昆虫攻击时释放的挥发物也有变化（Clavijo *et al.*，2012），这些变化可能是天敌用以定位植食性昆虫的线索。

2 卵寄生蜂利用 HIPVs 进行寄主定位

早期研究发现，植食性昆虫在蚕豆、番茄、甘蓝、榆树、松树上产卵后，会诱导这些寄主植物释放一些一些萜类化合物和 GLVs，对卵寄生蜂有显著吸引作用（Fatouros *et al.*，2008；Gaquerel *et al.*，2009）。榆树上释放的其中一种萜烯类化合物（E）-4，8-二甲基-1，3，7-壬三烯（DMNT），会对寄生蜂有显著的吸引作用，并且在自然条件下，寄生蜂可以被 DMNT 诱饵陷阱吸引（Büchel *et al.*，2011）。对于某些地方玉米品种，玉米植株在植食性昆虫产卵后不仅自身能够产生挥发性物质吸引卵寄生蜂（Tamiru *et al.*，2011），而且还能诱导同类邻近的未被产卵的植株产生这种间接防御反应，对这些挥发物进行GC-MS 分析发现含有大量物质如 DMNT，在触角电位（electroantennography，EAG）测试中有较高活性（Mutyambai *et al.*，2016）。

卵寄生蜂稻虱缨小蜂（*Anagrus nilaparvatae*）对褐飞虱（*Nilaparvata lugens*）侵染过的水稻植株释放的挥发物有趋向性，而对健康稻株、机械损伤稻株或褐飞虱若虫、雌虫、卵、蜜露、蜕的挥发物没有反应，若虫和怀孕雌虫侵染的稻株对稻虱缨小蜂的吸引力没有显著差异（Lou *et al.*，2005a）。被稻绿蝽（*Nezaraviridula* L.）成虫取食为害的豆科植物（*Viciafaba* L.）叶片对卵寄生蜂（*Trissolcus basalis* Wollaston）雌虫有吸引作用（Colazza *et al.*，2004）。与虫害处理相似，茉莉酸处理过的水稻或顺式茉莉酮处理过的绿豆对卵寄生蜂有强烈的吸引作用（Lou *et al.*，2005b；Moraes *et al.*，2009）。

HIPVs既可以帮植食性昆虫逃避天敌，又可以吸引卵寄生性天敌对植食性昆虫进行定位。深入理解植物—害虫—天敌三级营养关系协同进化的方向和机制可以为农业害虫绿色防控提供新思路和策略，如培育对天敌昆虫有强烈吸引作用的作物品种可能是对害虫进行防治的有效手段。

关键词：卵寄生蜂；寄主定位；植物防御反应；HIPVs

我国农药环境风险评价体系现状与展望*

Recent Progress and Prospect of Environmental Risk Assessment Framework for Pesticide in China

陈　朗[1]**，刘新刚[1]***，袁善奎[2]***

（1. 中国农业科学院植物保护研究所，植物病虫害生物学国家重点实验室，北京　100193；
2. 农业农村部农药检定所，北京　100125）

作为具有生物活性的物质，农药在防治农业病虫草害、保障粮食增产丰收方面发挥了巨大的支撑作用，但同时也给人类健康和环境安全带来潜在威胁。从 20 世纪 90 年代起，发达国家已纷纷建立起生态风险评估体系，为农药登记与监管提供科学依据（EC，1991；US EPA，1998）。我国农药环境风险评价工作起步较晚，但近 10 年来发展迅速。2017 年，我国颁布了新的《农药管理条例》（MOARA，2017），明确提出要“加强农药管理，保证农药质量，保障农产品质量安全和人畜安全，保护农业、林业生产和生态环境”，同时，要求对已登记农药进行安全性监测。这是我国农药管理历史上的一个里程碑，标志着农药管理从毒性管理过渡到风险管理。随着近年来农药登记环境风险评估指南及其配套模型的发布，以及环境安全性评价试验准则等国家和行业标准的制定，我国已初步建立起农药环境风险评估技术体系。

《农药登记环境风险评估指南》（NY/T 2882.1-8，2016，2017）涵盖了农药对水生生态系统、地下水、鸟、家蚕、蜜蜂、非靶标节肢动物和土壤生物等非靶标保护对象的评估程序。方法学上，参考欧美现有评估体系，采用问题阐述、风险分析、风险表征 3 步法进行评估。第一步，收集数据，进行风险识别，明确保护目标，并制订评估计划。第二步，风险分析。一方面，进行暴露分析，通过实际监测或模型预测获取农药在不同环境介质（地表水、地下水、土壤、非靶标生物的食物等）中的暴露浓度/剂量（PEC/PED）。另一方面，进行效应分析，基于已获得的生态毒性效应数据，通过不确定因子对实际环境条件下非靶标生物的无作用浓度/剂量（PNEC/PNED）进行外推。第三步，风险表征。将风险分析过程中获得的 PEC/PED 与 PNEC/PNED 进行比较，表征风险的大小并据此判

---

* 资助项目：国家自然科学基金项目（31801768；31861133021）；国家重点研发计划（2018YFD0200100）

** 第一作者：陈朗，博士后，从事农药生态毒理学与环境风险评估方向的研究；E-mail：654164058@qq.com

*** 通信作者：刘新刚，研究员；E-mail：liuxingang@caas.cn
袁善奎，研究员；E-mail：yuanshankui@agri.gov.cn

断风险是否可接受。当暴露量高于保护对象的可接受浓度/剂量水平（即 PNEC/PNED）时，风险不可接受。风险评估过程中遵循分级评估原则，针对特定的保护目标，结合我国农业生产实际条件和保护性环境场景，由简单到复杂、由保守到实际进行评估。当初级阶段的评估结果表明风险不可接受时，可使用更多的生态毒性数据和/或更复杂的暴露模型/模型参数进行高级评估；必要时还可进行实际监测研究，以最大限度地模拟实际环境条件。可行时，还可采取一些风险降低措施，例如颗粒剂，可通过采取施药后进行覆土的措施降低其对鸟类的暴露剂量，进而明确采取措施后风险是否可降低至可接受水平。

暴露分析和效应分析为定量化分析过程，需要环境归趋和生态毒性两大类数据资料的支持。环境归趋数据主要用于分析农药施用后在土壤、水等环境介质中的迁移转化（即“农药去哪儿了？”），进而预测非靶标生物可能接触到的暴露量。该类资料包括农药在土壤、水、大气、水—沉积物系统中的代谢与降解、吸附与解吸附、淋溶、水解、光解、挥发、富集性等数据。生态毒性资料主要用于分析农药进入环境后对非靶标生物的毒性效应（即“农药毒性如何”），包括对水生生物（如鱼类、溞类、藻类、大型水生植物）、陆生生态系统功能生物（如鸟类、蜜蜂、瓢虫、赤眼蜂、蚯蚓）、农业经济生物（如家蚕）的急慢性毒性试验资料。近年来，我国先后制定并发布了环境风险评价标准试验方法 47 项（21 项国家标准，26 项行业标准），其中，环境归趋类试验方法 17 项，生态毒理学方法 30 项。测试对象已由化学农药扩展到微生物农药，由化合物母体扩展到代谢物；测试范围由急性毒性试验扩展到慢性毒性，由采用国外模式生物到考虑我国特有生物（如家蚕、赤眼蜂），由实验室单一生物物种试验扩展到（半）田间模拟生态系统试验，如水生中宇宙试验、蜜蜂半田间试验等。标准化测试方法的建立为保证试验结果的科学性、准确性、可靠性及可比性提供了技术支撑，形成了中国特色的环境风险评价指标体系。

由于实际监测数据往往难于获得，借助计算机模型进行暴露量预测是目前国际上的整体趋势（FOCUS，2007，2009；EFSA，2013；US EPA，2016）。通过计算机模型，可以将农药的理化性质、环境归趋特性（如降解半衰期、土壤有机质吸附系数），以及使用方法（如施用量、施用次数、施用方法）等作为输入参数，利用计算机模拟农药在一系列保护性场景（代表现实中最糟糕情况）下的降解迁移等过程，预测其在地下水，地表水，土壤等环境介质中的浓度。我国目前已建立了适合我国国情的旱田用药地下水暴露模型（China-PEARL，2016）、水稻田用药地下水与地表水暴露模型（TOP-RICE，2016）和土壤暴露模型（PECsoil_ China_ SFO，2017），旱田用药地表水暴露模型也已公开征求意见，鸟类、蜜蜂、家蚕和非靶标节肢动物的暴露量评估也建立了各自的暴露场景和简化计算公式。借助模型，笔者得以综合考虑农药本身的特性及其使用方法，其表面蒸发、植物根系吸收与蒸腾作用、土壤—水相迁移、气相对流等田间过程，以及降雨、灌溉、温度变化等气象因素的影响，最终计算得到量化的预测暴露值。上述与环境条件相关的因素例如土壤、气象、作物因素等主要依靠模型中内置的标准场景来实现。根据我国多年平均气温、多年降水量和多年最大日降水量分布等，结合我国已有的自然资源区划、气候区划和综合农业区划，目前已选定东北、西北、华北、长江流域和华南 5 个场景区。在每个场景区建立了能够代表现实中最糟糕情况的场景点。目前，北方场景区已有 6 个标准场景点（新民、乌鲁木齐、同心、潍坊、商丘、武功），南方场景区已有 4 个场景点（南昌、连平、泸州、海口）。评估作物已涵盖水稻、小麦、玉米、棉花、甘蓝、马铃薯、花生、大豆、番茄、苹果树、柑橘树、葡萄、苜蓿、茶树、烟草等（TOP-RICE，2016；China-PEARL，2016）。

综上所述，经过几十年的发展，我国已初步建立农药环境风险评价体系，包括环境安全性评价指标体系与风险评估方法体系，可以为农药的登记注册、周期性再评价、日常监测等提供技术支撑。该评估体系的建立将有助于鼓励和推动绿色农药品种的研发与创制，优化农药产业结构，从源头预防和控制农业污染。今后我国还应从以下几方面进一步丰富和完善现有农药环境风险评价体系。首先，应继续完善农药环境风险评价技术支撑体系。一方面，加快试验能力建设，制定采用放射性同位素标记方法进行农药土壤、水—沉积物代谢试验、土壤吸附试验等的方法标准，扩展测试物种（如底栖生物、海洋生物）等。另一方面，继续丰富农药环境风险评估模型（如无人机喷雾漂移模型、南方旱地地表水暴露预测模型）与场景点的构建。其次，持续研究特殊农药（如混配剂型、纳米剂型）以及我国特殊场景（如南方喀斯特地貌区）的环境风险评估方法；研究适合于我国国情的科学、有效的环境风险降低措施，研究农药环境监测试验方法以及监测数据评估方法，研究适合于我国国情的、综合考虑田间药效、安全性、抗药性以及经济实用性的农药损益分析方法。最后，无论是界定高效低风险绿色农药产品，还是开展损益分析淘汰高风险品种过程中，如何利用风险评估工具对同类产品（如用于相同作物和靶标的不同农药）进行风险比较都是至关重要的一环，因此，未来还应探索适合于我国农药环境风险评价体系的环境风险比较方法。

关键词：环境风险评估；生态毒性；环境归趋；暴露模型；风险比较

昆虫视蛋白功能的研究进展*

Recent Progresson the Function of Insect Opsins

王　永[1,2]**，王桂荣[1]***

（1. 中国农业科学院植物保护研究所，植物病虫害生物学国家重点实验室，北京　100193；
2. 湖北工程学院生命科学技术学院，孝感　432000）

大多数昆虫具有发达的视觉系统，它们在昆虫的寄主定位、物种识别和运动飞行等行为中发挥着重要作用。许多夜行性昆虫具有趋光性，基于昆虫趋光性的灯光诱杀技术，在害虫防治和预测预报中占有十分重要的地位，也是我国农业实现“两减”目标中“减少农药使用量”的重要保障措施。不同昆虫由于生活习性、生物学和生态学特征等不相同，趋光时对不同波长光的选择不一致，即使是同一种昆虫，受到地理种群、光源、实验时间和田间环境等因素的影响，研究结果也不尽相同。昆虫对光信号的接收依赖于由视蛋白和生色团组成的视紫红质。由于生色团的一般只有1～2种，视紫红质对不同光源的敏感性主要是由视蛋白决定的，其种类、数目、表达分布和碱基序列多样性决定了视紫红质的敏感波长多样性。依据其是否参与视觉成像，视蛋白分为视觉视蛋白和非视觉视蛋白。大部分昆虫具有三色视觉系统，根据视觉视蛋白对不同波长光的敏感吸收峰值可分为三类：长波/绿光视蛋白（>500 nm，LW opsin）、中波/蓝光视蛋白（400～500 nm，BL opsin）和短波/紫外光视蛋白（325～400 nm，UV opsin）。不同物种视觉视蛋白数目不同，同类视觉视蛋白在同种昆虫中一般只有一种，但许多种类进化过程中根据周围光环境变化，3类视觉视蛋白基因发生复制、缺失和序列变异从而改变敏感光谱。此外，视觉视蛋白存在功能和性别差异，组织分布和表达丰度也存在物种差异。非视觉视蛋白，包括pteropsin、arthropsin和Rh7等，同时部分视觉视蛋白也具有非视觉功能。目前已在昆虫幼虫温度鉴别、幼虫运动、听觉感受、生物钟节律和偏振光检测方面进行了报道和研究。本文对昆虫视觉视蛋白和非视觉视蛋白的特点和功能进行综述，以期为昆虫的视觉和趋光性研究提供参考。

关键词：昆虫；视觉；视蛋白；生物功能

---

* 资助项目：国家重点研发计划“作物免疫调控与物理防控技术及产品研发”（2017YFD0200900）

** 第一作者：王永，博士后，主要从事昆虫感觉系统的识别机制研究；E-mail：wysfzz@ sina. cn

*** 通信作者：王桂荣，研究员；E-mail：grwang@ ippcaas. cn

中国华南地区卷蛾科分类学（鳞翅目：卷蛾科）*

Classification of Tortricidae (Lepidoptera) from South China

陈刘生[1**]，黄焕华[1]，黄咏槐[1]，钱明惠[1]，李琨渊[1]，王　敏[2***]

（1. 广东省林业科学研究院，广州　510520；2. 华南农业大学，广州　510642）

卷蛾科 Tortricidae 属于鳞翅目 Lepidoptera 卷蛾总科 Tortriciodea 昆虫，世界已知 1 658 属 13 000 多种。多数是重要经济、农业、林业的主要害虫。中国华南地区处于东洋区北部，地质结构复杂，地形变化多样，气候温暖湿润，属于世界生物多样性 25 个热点地区之一，昆虫资源相当丰富，卷蛾科种类繁多。本文旨在研究华南地区卷蛾科昆虫物种组成，为昆虫分类学及农林业生产害虫防治提供科学依据。采用高压汞灯诱集成虫，运用传统分类学方法对成虫外部及外生殖器形态特征进行物种识别及鉴定。共整理记述了我国华南地区卷蛾科昆虫 13 族，69 属 136 种。文中共记述了 12 新种：南岭奇卷蛾 *Thaumatographa nanlingensis* sp. nov.、宽爪圆角卷蛾 *Cnesteboda latiuncana* sp. nov.、深裂端叉卷蛾 *Diplocalyptis longiconca* sp. nov.、圆斑长卷蛾 *Homona rotunda* sp. nov.、大齿突茎卷蛾 *Meridemis macrodenta* sp. nov.、紫红端小卷蛾 *Phaecasiophora purpura* sp. nov.、底定安卷蛾 *Anthozela didingensis* sp. nov.、异彩叶小卷蛾 *Epinotia pseudobicolor* sp. nov.、暗实小卷蛾 *Retiniafurva* sp. nov.、南岭黑痣小卷蛾 *Rhopobota nanlingensis* sp. nov.、粗刺黑痣小卷蛾 *Rhopobota trachylaena* sp. nov.、巨斑小卷蛾 *Cydia macrobala* sp. nov.；7 中国新记录属：谜卷蛾属 *Mictocommosis* Diakonoff、奇卷蛾属 *Thaumatographa* Walsingham、艳卷蛾属 *Vellonifer* Razowski、卜小卷蛾属 *Podognatha* Diakonoff、坛小卷蛾属 *Temnolopha* Lower、安卷蛾属 *Anthozela* Meyrick、新河小卷蛾属 *Neopotamia* Diakonoff；15 中国新记录种：黑斑谜卷蛾 *Mictocommosis nigromaculata*（Issiki）、艳卷蛾 *Vellonifer doncasteri* Razowski、马莱圆瓣卷蛾 *Neocalyptis malaysiana* Razowski、深圆点小卷蛾 *Eudemis profundana*（[Denis & Schiffermüller]）、锈尾小卷蛾 *Sorolopha ferruginosa* Kawabe、赛尾小卷蛾 *Sorolopha saitoi* Kawabe、库端小卷蛾 *Phaecasiophora kurokoi* Kawabe、凹缘端小卷蛾 *Phaecasiophora caelatrix* Diakonoff、卜小卷蛾 *Podognatha opulenta*（Diakonoff）、坛小卷蛾 *Temnolopha matura* Diakonoff、卡镰翅小卷蛾 *Ancylis caryactis*（Meyrick）、新河小卷蛾 *Neopotamia divisa*（Walsingham）、窄项小卷蛾 *Tokuana imbrica* Kawabe、康叶小卷蛾 *Epinotia yashiyasui* Kawabe、青斑耳瓣卷蛾 *Hendecaneura cervinum* Walsingham。华南地区卷蛾科昆虫中新小卷蛾族 Olethreutini、黄卷蛾族 Archipini、花小卷蛾族 Eucosmini、小食心虫族 Grapholitini、岔小卷蛾族 Enarmoniini、卷蛾族 Tortricini 的物种占总数的 90%以上；且 60%种类为东洋区成分。

关键词：卷蛾科；华南地区；区系；分类学

* 资助项目：国家自然科学基金项目（41101051）

** 第一作者：陈刘生，博士，研究方向为农业昆虫与害虫防治；E-mail：lshchen2008@163.com

*** 通信作者：王敏；E-mail：minwang@scau.edu.cn

中生代拟态昆虫——来自中国的化石证据*

Mimicry of the Mesozoic Insects Based on the Fossil Evidences of China

王永杰**，任　东

（首都师范大学生命科学学院，昆虫演化与环境变迁实验室，北京　100048）

拟态是现代昆虫一种常见的防御措施和捕食策略，在现代昆虫中拟态种类繁多，包括形态拟态、行为拟态、声音拟态、化学拟态等。现生昆虫的拟态行为是亿万年来昆虫对环境适应性进化的结果，然而我们对昆虫拟态的演化历史却知之甚少。化石保存的局限性以及不完整性是制约化石昆虫研究的一个重要因素，而拟态昆虫化石保存则是更加困难，这也使得相关研究始终难有突破。

中生代时期是生物演化的一个关键时期，经历了二叠纪末期的生物大绝灭，陆生生物在这个时期开始了迅速的辐射和演化，但是中生代时期的生物构成与现代存在着巨大的差异，这也使得该时期形成了大量的特有类群；同时，中生代末期经历了生物圈中的最重要一次变革——被子植物的起源，对于生物而言，对环境变化的适应性也开始了真正向现代生物转变的步伐，相应的大量中生代特有类群也开始了绝灭，与之同时消失的还有中生代时期所特有的生物学、行为学特性；而该时期的拟态昆虫也具有与现代不同的演化形式和作用机制。我国中生代昆虫化石资源十分丰富，这也为研究昆虫化石的拟态提供了丰富的材料基础。经过不懈的研究，发现了大量的生物学、生态学上具有特殊意义的昆虫化石，其中在昆虫化石拟态方面也有了重要的突破：2010 年，发现了世界上最古老的羽叶状拟态昆虫，将昆虫的叶状拟态历史向前推进了 1.2 亿年，并首次提出并证明昆虫与裸子植物已经出现了特异性的拟态关系；2012 年，发现了中生代特有的与银杏的拟态关系，推测该昆虫不仅可以利用与银杏叶片的相似性逃避天敌，另外它还可以捕食银杏叶片上的害虫为食，二者间存在着一种互利的共生关系。此外，中生代发现了大量具有特殊翅斑的昆虫，如脉翅目中的丽蛉科 Kalligrammatidae、丽翼蛉科 Saucrosmylidae、蛾蛉科 Ithonidae 等，其翅斑功能仍有待于进一步挖掘。

虽然，中生代拟态昆虫的研究仍然处于起步阶段，我国丰富的化石资源为其提供了重要的材料基础，大量的具有拟态特性的昆虫化石有待于进一步研究，相信随着我们研究的深入会有更多更有意义的昆虫化石拟态被发现。

关键词：拟态；协同进化；适应性；化石

---

* 资助项目：国家自然科学基金项目（3197030097）

** 通信作者：王永杰，博士研究生，研究方向为昆虫系统演化；E-mail：wangyjosmy@ foxmail. com

棉花黄萎病的防治及展望*

Control of Verticillium Wilt of Cotton

张美萍[1**]，陕永杰[1]，齐放军[2]，沈振国[1***]

（1. 南京农业大学，生命科学学院，南京　210097；2. 中国农业科学院植物保护研究所，植物病虫害生物学国家重点实验室，北京　100193）

棉花黄萎病由大丽花黄萎病引起，是棉花较具破坏性的疾病，其特点是发病范围广、流行性强、发病率高，已严重地影响了我国棉花可持续生产和发展。棉花黄萎病是一种土传和种传的维管病，难以控制。引起棉花黄萎病的黄萎病菌能产生微孢子菌，在土壤或植物死亡物质中可以存活 10 年以上，同时也能形成休眠菌丝体，在植物死亡物质中存活。大丽花轮枝孢作为一种植物病原菌，寄主范围非常广泛。本文从生物防治和抗病基因两方面探究了棉花如何提高对黄萎病的抗性。生物防治是利用天敌、有益的生物和植物抗病基因，在病虫害防治中发挥作用棉花黄萎病研究的热点，目前，已应用于棉花黄萎病拮抗剂中的微生物类群主要有真菌、细菌、病毒和放线菌等。该方法具有环境友好、绿色环保、抗药性强、开发潜力大等优点，对棉花黄萎病的防治具有重要意义。通过抗病基因提高作物的抗性也是被广泛使用的提高抗性的方法，随着高通量技术的发展，转录组和基因组手段越来越多地应用于黄萎病发病机制的研究。在棉花中，已经报道了一些与大丽花黄萎病防御反应有关的候选基因。目前，陆地棉中尚没有高抗性品种，已经开发了可以提高抗黄萎病水平的转基因棉花。然而，转基因植株的抗性水平通常是有限的，不足以产生持久的抗性。如何提高抗病基因的长久抗性还有待于进一步研究。实际生产中，由于征地、轮作，实施难度大，大部分棉田连作多年，土壤中高致病菌多，加之抗病品种缺乏，生物防治剂效果不稳定，棉花黄萎病的防治仍面临严峻挑战。本文以期为今后防治棉花的黄萎病提供参考。

关键词：棉花黄萎病；生防；抗性基因

* 资助项目：植物病虫害生物学国家重点实验室（SKLOF201615）

** 第一作者：张美萍，博士后，从事植物保护的研究；E-mail：zhangmp2006@163.com

*** 通信作者：沈振国，教授